普通高等教育"十三五"规划教材

水文地质学原理

石河子大学　乔长录　程建军 等　编著
长安大学　李佩成　主审

中国水利水电出版社
www.waterpub.com.cn
·北京·

内 容 提 要

本书以较少的篇幅涵盖了水文地质学基础的核心内容，阐述了水文地质学的基本概念、基本原理和研究方法。全书共 10 章内容：绪论、地球中水的分布与循环、岩土中的空隙和水、地下水的赋存、地下水运动的基本规律、包气带水、地下水的化学成分及其演变、地下水系统及其循环特征、地下水动态与均衡和不同含水介质中地下水。

本书可作为农业水利工程、农业水土工程、水利水电工程、水文与水资源工程、地下水科学与工程及土木工程（岩土、道桥方向）、给水排水工程、环境工程、水土保持与荒漠化防治等专业的大学本科入门教材，也可供高等院校和科研院所相关专业师生及工程技术人员参考使用。

图书在版编目（ＣＩＰ）数据

水文地质学原理 / 乔长录等编著. -- 北京 : 中国
水利水电出版社，2017.8（2021.6重印）
普通高等教育"十三五"规划教材
ISBN 978-7-5170-6017-8

Ⅰ. ①水… Ⅱ. ①乔… Ⅲ. ①水文地质－高等学校－
教材 Ⅳ. ①P641

中国版本图书馆CIP数据核字（2017）第272404号

书　　名	普通高等教育"十三五"规划教材 **水文地质学原理** SHUIWEN DIZHIXUE YUANLI
作　　者	石河子大学　乔长录　程建军　等 编著 长安大学　李佩成　主审
出版发行	中国水利水电出版社 （北京市海淀区玉渊潭南路 1 号 D 座　100038） 网址：www. waterpub. com. cn E - mail：sales@ waterpub. com. cn 电话：（010）68367658（营销中心）
经　　售	北京科水图书销售中心（零售） 电话：（010）88383994、63202643、68545874 全国各地新华书店和相关出版物销售网点
排　　版	中国水利水电出版社微机排版中心
印　　刷	北京瑞斯通印务发展有限公司
规　　格	184mm×260mm　16 开本　9.5 印张　225 千字
版　　次	2017 年 8 月第 1 版　2021 年 6 月第 2 次印刷
印　　数	2001—4000 册
定　　价	30.00 元

前言

近年来，随着我国经济社会的快速发展，水资源短缺和生态环境问题受到全社会的高度关注，地下水对经济社会可持续发展的重要性也日益凸显。研究地下水的科学——水文地质学在人类经济社会的可持续发展、地球科学及环境科学体系中具有不可替代的基础和战略地位。在水资源日益紧缺和生态环境问题不断凸显的今天，水利工程各专业（水利水电工程、农业水利工程、水文与水资源工程等）及其他相关工程类专业（地质工程、石油工程、土木工程、水土保持、环境科学与工程等）的专业技术和管理人员，都应具备水文地质学的基础知识。

水文地质学是大学水利工程各专业及其他相关工程类专业的专业教育基础课程，着重阐述水文地质学的基本概念、基本原理和研究方法。为了满足我国高校各专业对水文地质学的需要，我国先后出版了多部水文地质学教材，这些教材各具特色，为各专业水文地质学的教学作出了重大贡献。近年来，随着我国高等教育教学改革的深入，以及为适应工程教育专业认证需要，大部分高校的农业水利工程、农业水土工程、水利水电工程、水文与水资源工程及其他相关专业的《水文地质学》课程已经压缩到1.5个学分（24学时）左右。编写一本适应当前新形势下配套的水文地质学教材实属必要。为此组织编写了本书，意在以较少的篇幅而又涵盖水文地质学基础核心内容的方式，阐述水文地质学的基本概念、基本原理和研究方法。

本书由石河子大学乔长录和程建军组织编写，长安大学李佩成院士主审。参加编写的人员为：石河子大学乔长录（第1章、第2章、第5章、第6章），石河子大学程建军（第3章、第4章），石河子大学乔长录、程建军（第8章、第9章），长安大学刘招、李军媛（第7章），兰州大学李勋贵（第10章）。全书由乔长录统稿，李佩成院士主审。

本书在编写过程中得到了相关方面的关心和帮助，有关教师和技术人员提出了许多宝贵的意见和建议，特别是新疆兵团勘测设计院副总工程师赵忠贤高级工程师对本书进行了认真审阅，并提出了许多宝贵的修改意见，编者所在单位为本书的编写提供了良好的条件，中国水利水电出版社的编辑对书稿做了大量的完善工作，他们的帮助对提高本书的质量有很大的裨益。对此，我们谨向他们一并表示衷心的感谢！

本书的出版得到了新疆生产建设兵团科技计划项目——兵团应用基础研究计划（2016AG014）和石河子大学高层次人才科研启动项目（RCZX201321）的资助，在此一并表示感谢。

鉴于编者水平有限，书中缺点和错误在所难免，恳请读者不吝指正，针对本书的批评、建议请发至 qiaochanglu@126.com。

作者

2017 年 2 月

目录

第1章 绪 论

　　学习目标：掌握水文地质学的概念、研究内容、研究对象；了解水文地质学的发展历程、分支学科及其研究内容；了解当代水文地质学的发展特点和今后的研究方向；了解水文地质学课程的主要内容和学习要求。

　　重点与难点：水文地质学研究对象的不断扩展；水文地质学课程的主要内容和学习要求。

1.1 水文地质学的概念

　　水文地质学是研究地下水的学科[1,2]。具体来说，是研究地下水在与周围环境（岩石圈、大气圈、地表水圈、生物圈以及人类活动）的相互作用下，其数量和质量在时空上的变化规律，以及合理地利用地下水和防止其危害的学科。

1.2 水文地质学的研究内容

　　水文地质学的研究内容包括地下水的起源、分布，赋存状态，补给、径流与排泄，水质水量的时空变化与运动规律，包括在自然因素和人为因素的影响下，地下水作为一种地质营力对环境的改造作用以及在其作用过程中它自身发生的各种变化规律，经济合理地开采利用地下水，有效地防治和消除地下水造成的危害等。简单地说，水文地质学的研究内容是地下水在周围环境（岩石圈、大气圈、地表水圈、生物圈以及人类活动）的影响下，其数量和质量在时空上的变化规律，以及如何应用这一规律有效地利用和调控地下水。

1.3 水文地质学的研究对象

　　简单地说水文地质学的研究对象就是地下水。

　　地下水概念有广义和狭义之分。广义上是指赋存于地面以下岩土空隙中的水，狭义上仅指赋存于饱水带岩土空隙中的重力水[1,3-5]。

　　水文地质学的研究对象也是随着水文地质学的不断发展而不断扩展。当代水文地质学的研究对象，从传统狭义上的地下水扩展到广义上的地下水，即从饱水带水扩展到地面以下岩土空隙中所有的水，既包括饱水带水，也包括包气带水。

　　20 世纪 70 年代，苏联学者提出地下水圈的概念，认为从地壳浅部到地幔，以各种不同形态存在的水是相互转换、不可分割的统一整体，称之为地下水圈。因此提出，水文地质学是研究地下水圈的学科[2,6,7]。

水文地质学的研究对象在不断扩展，由地壳浅表岩土空隙中的饱水带水扩展到包气带水，正在扩展为从地壳到下地幔的地球各圈层的水。

1.4 水文地质学科的分支学科

水文地质学从寻找和利用地下水源开始发展，围绕实际应用，逐渐开展了理论研究，目前已形成了一系列分支[3-5,8-10]，其中水文地质学原理、地下水动力学和水文地球化学是水文地质学科的基础学科。部分分支学科简述如下：

水文地质学原理又称为普通水文地质学、水文地质学基础，主要研究水文地质学的基础理论和基本概念。

地下水动力学主要研究地下水的运动规律，探讨地下水水量、水质和温度传输的计算方法，进行水文地质定量模拟，是水文地质学的重要基础。

水文地球化学主要研究各种元素在地下水中的迁移和富集规律，利用这些规律探讨地下水的形成和起源、地下水污染形成机制和污染物在地下水中的迁移与变化、地下水与矿产形成和分布的关系，寻找金属矿床、放射性矿床、石油和天然气，研究矿水的形成和分布等。

供水水文地质学是为了确定供水水源而寻找地下水，通过勘察，查明含水层的分布规律、埋藏条件，进行水质与水量评价。它主要研究合理开发利用并保护地下水资源，按含水系统对地下水资源进行科学管理。

农业水文地质学主要研究沼泽地和盐碱地的土壤改良、防治次生土壤盐碱化等问题。

矿床水文地质学研究采矿时地下水涌入矿坑的条件，预测矿坑涌水量以及其他与采矿有关的水文地质问题。

1.5 水文地质学的发展历程

水文地质学的发展历程大体可以划分为萌芽、奠基和发展三个阶段。

1. 萌芽时期（远古至 1855 年）

人类早在远古时代就已打井取水。中国已知最古老的水井是距今约 5700 年前的浙江余姚河姆渡古文化遗址水井。古波斯时期在德黑兰附近修建了坎儿井，最长达 26km，最深达 150m。约公元前 250 年，在中国四川，为开采地下卤水开凿了深达百米以上的自流井。中国汉代凿的龙首渠是一种井、渠结合的取水建筑物。在利用井泉的过程中，人们也探索了地下水的来源。法国的帕利西、中国的徐光启和法国的马略特先后指出了井泉水来源于大气降水或河水入渗。马略特还提出了含水层与隔水层的概念。

16 世纪以前，人类对地下水现象只限于直接观察和推测。柏拉图推测，地下有个巨大的洞穴,其中的水是河流的源头。中国唐代柳宗元在《天对》中记叙了地下水在岩土空隙中的存在、入渗、蒸发和流动等现象。

2. 奠基时期（1856—1945 年）

从 17 世纪到 20 世纪初,科学家们通过观察、实验和分析,提出了一系列关于地下水形成和运动的重要概念、定律和方法。法国科学家佩罗（Perrault Pierre,1608—1680）研究了地下水的毛细管上升现象。1856 年,法国工程师达西（Henry Darcy,1803—1858）通过室内控制性实验建立了地下水渗流的基本定律,奠定了地下水运动的理论基础。1863 年,法国学者裘布依（Arsene Dupuit,1804—1866）根据实际的潜水面坡度很小的事实,做了一些简化和假定,运用达西定律导出了地下水的井流公式。1870 年,德国人蒂姆（G. Thiem）改进了裘布依公式,从而可用稳定流抽水试验来计算渗透系数等参数。1885 年,英国的张伯伦确定了自流井出现的地质条件。奥地利人福希海默（P. Forchheimer,1852—1933）在 1885 年制出了流网图并开始应用映射法。这些工作为水文地质学发展奠定了基础。

19 世纪末 20 世纪初,对地下水起源又提出了一些新学说。1902 年,奥地利人修斯（Eduard Suess,1831—1914）提出了初生说。1908 年,美国莱恩、戈登和俄国安德鲁索夫分别提出在自然界中存在与沉积岩同时生成的沉积水。1912 年,德国凯尔哈克提出地下水和泉的分类,总结了地下水的埋藏特征和排泄条件。

1928 年,美国学者迈因策尔论述了承压含水层的可压缩性和弹性,为地下水非稳定理论的建立准备了比较丰富的实践基础。由于预测地下水运动过程的需要,促进了水文地质模拟技术的发展。20 世纪 30 年代开展了实验室物理模拟。1935 年,美国人泰斯（Charles Vernon Theis,1900—1987）利用地下水非稳定流动和热传导之间的相似性,导出了著名的泰斯公式,把地下水定量计算推进到了一个新阶段。1937 年,美国学者马斯克特（Muskat）在《均匀流体通过多孔介质的流动》一书中,用数学方法较系统地论述了地下水的运动。1930 年,荷兰水文工程师德赫莱用数学方法分析了地下水渗过弱透水层的越流现象。第二次世界大战结束时,在地下水的赋存、运动、补给、排泄、起源以及化学成分变化、水量评价等方面,均有了较为系统的理论和研究方法,此时水文地质学已经发展成为一门成熟的学科了。

3. 发展时期（1946 年至今）

第二次世界大战以后,合理开发、科学管理与保护地下水资源的迫切性和有关的环境问题,越来越引起人们的重视。

随着生产力与科学技术的迅猛发展,人类对地下水的需求大为增加,世界各地都出现了地下水水位下降、地下水资源枯竭、地面沉降、海水与咸水入侵淡水含水层以及地下水污染等问题。这一阶段正确地预测在人类活动干预下地下水的变化,从而正确地评价、开发、管理与保护地下水资源以及保护与地下水有关的生态环境成为当务之急。

随着大规模开发利用地下水,某些水文地质过程开始受到人们的注意。20 世纪 40 年代末发展起来的电网络模拟,到 50—60 年代在解决水文地质问题中得到了应用。苏联奥弗琴尼科夫和美国的怀特在水文地球化学方面做出了许多贡献。20 世纪 40—60 年代，雅可布（Charles Edward Jacob，1914—1970）及汉图什（M. S. Hantush）等研究了松散沉积物承压含水层的越流现象，发现原先认为是不透水的"隔水层"，实际上是透水能力比较弱的透水层。含水层与其间的"隔水层"共同构成水力上相互联系的系统——地下水含水系统。20 世纪 60 年代以来，加拿大的托特（Tóth）提出了地下水流动系统理论，为水文地质学开拓了新的发展前景。贝尔（Jacob Bear）编著出版了《多孔介质流体力学》（1972 年）和《地下水水力学》（1979 年），极大地推动了水文地质计算理论发展。

由于电子计算机技术的发展，20 世纪 70—80 年代，地下水流数值模拟成为处理复杂水文地质问题的主要手段。同时，同位素方法在确定地下水平均储留时间、追踪地下水流动等研究中得到应用。遥感技术及数学地质方法也被用于解决水文地质问题。对于地下水中污染物的运移和开采地下水引起的环境变化，引起广泛重视。

进入 20 世纪 90 年代以来，一些先进的方法和模拟技术得到广泛开发与应用。从地下水模拟软件 ModFlow 的诞生，到目前广泛应用的地下水模拟系统（Groundwater Modeling System，GMS），充分显示了现代计算机技术在地下水研究中划时代的进展。水文地质学在不断的发展中逐步形成完善、独立的学科体系，发展过程中的主要成果见表 1.1。

表 1.1　　　　　　　　　　　水文地质学的发展历程

时期	时间	理论或公式	备注
萌芽时期	1855 年以前		
奠基时期（1856—1945 年） 稳定流	1856 年	达西定律（Darcy's Law）[11-14]	$Q = KAI$，$v = KI$
	1863 年	裘布依（Dupuit）公式[11-14]	$Q = 2.73KM \dfrac{S_w}{\lg(R/r_w)}$
	1870 年	蒂姆（Thiem）公式[11-14]	$Q = 2.73K \dfrac{h_1^2 - h_2^2}{\lg(r_2/r_1)}$
	1886 年	福希海默（Forchheimer）公式[11-14]	流网（flow net，1885）
	1928 年	迈因策尔（Mainzer）[11-14]	越流含水层（leaky aquifer）
非稳定流	1935 年	泰斯（Theis）公式[11-14]	$S = \dfrac{Q}{4\pi T}W(u)$，$Q = \dfrac{4\pi TS}{W(u)}$
	1937 年	马斯凯特（M. Muskat）[4]	均匀流体通过多孔介质的流动
水文地质学理论	1945 年	在地下水的赋存、运动、补给、排泄、起源以至化学成分变化、水量评价等方面较为系统的理论和研究方法已形成	水文地质学已经发展成为一门成熟的学科

时期		时间	理论或公式	备注
发展时期（1946 年至今）	非稳定流	20 世纪 40—60 年代	汉图什-雅可布（Hantush Jacob）公式[11][12-15]	潜水含水层中流向井的非稳定流
		1954 年	布尔顿（Boulton）公式[4,14]	非饱和带滞后释水现象
		1956 年	斯托曼（Stallman）[4]	数值法、计算机模拟
		20 世纪 60 年代	沃尔顿（Walton）[4]	数值法、计算机模拟
		1972 年	贝尔（J. Bear）[4,14]	多孔介质流体力学
		1972 年	纽曼（Neuman）[4,15]	潜水非稳定流公式
		1979 年	贝尔（J. Bear)[4,15]	地下水水力学
	多相流	20 世纪 80 年代	美国地质调查局（USGS）的 McDonald 和 Harbaugh	地下水有限差分模拟软件 Visual MODFLOW[16]
		20 世纪 90 年代	加拿大 Waterloo 水文地质公司	可视化地下水有限差分模拟软件 Visual MODFLOW[16]
		20 世纪 90 年代	德国 Wasy 水资源研究所	地下水有限单元模拟软件 FE-FLOW[16]
		20 世纪 90 年代	美国 Brigham Young Universuty 和美国军队排水工程试验工作站	地下水模拟系统 GMS[16]

资料来源：肖长来，2010 年。

1.6　当代水文地质学的发展特点

20 世纪 80 年代，同步发生的两个重要事件——地球系统科学时代的来临与地下水流系统理论的完善，意味着当代水文地质学时期的来临。当代水文地质学具有以下发展特点[2,17,18]。

（1）核心课题转移。找水水文地质学→资源水文地质学→生态环境水文地质学。

（2）研究视野扩展。含水层的局部→整个含水层→含水系统及地下水流系统→生态环境系统→技术→社会系统。

（3）研究目标改变。由局部性的当前问题，转向全局性可持续发展的课题，转向构建人与自然协调的、良性循环的地下含水系统、水文系统、地质工程系统、地质环境系统以及地质生态系统等。

（4）研究内容扩展。从地下水的水量研究为主，转向水量与水质研究并重；从狭义地下水（饱和带水）的研究，扩大到广义地下水（含饱水带与包气带水），乃至地下水圈的研究。

（5）研究思路的改变。以现象的规律为主的研究，转向以机理为主的研究。

（6）多学科交叉渗透成为主流。作为应用学科的水文地质学正在转换为与其他自然科学以及社会科学交叉渗透的地下水科学。

（7）多技术手段的应用。计算机硬件及软件、遥感技术、同位素方法、地理信息系统等的引入，以及向工程方向扩展，增强了水文地质学解决实际与理论问题的能力。

（8）学科性质的转变。由单纯的应用性学科分支，转变为地球系统科学的应用性分支以及理论性基础学科分支。

1.7　当代水文地质学今后的研究方向

预计今后的水文地质研究，会在地下水运移机制和计算方法、黏性土的渗透机制、地下水中污染物的运移、包气带中水盐的运移机制、水文地球化学和同位素水文地质学等方面进一步展开[4,5]。

为保护和利用地下水资源，控制和消除由于水文地质和工程地质问题等造成的各种灾害，为工程建设对环境的影响评价，也为水资源的规划和管理提供科学依据，环境水文地质学的研究将在以下方面取得发展：抽取地下水引起的地面沉降、岩溶塌陷以及地下水变化引起黄土湿陷、滑坡、潜蚀等对环境的影响，地下水污染机理和规律，地下水变化对生态的影响，水库诱发地震的机理和影响，水库渗漏、岸边再造等对环境的影响，浸没对土壤沼泽化、盐碱化、潜育化的影响及原生环境的地下水与地方病的关系，矿泉水和热水资源的利用和医疗意义[5]。

思　考　题

1. 简述水文地质学的研究对象及研究内容。
2. 简述当代水文地质学的发展特点。
3. 从水文地质学的发展历程中能获得哪些启示？

扫描二维码阅读
本章数字资源

第2章 地球中水的分布与循环

学习目标：了解地球中水的数量与分布；掌握水循环、水文循环和地质循环的概念；一般性理解与水文循环有关的气象、水文因素；熟悉水文循环的水量平衡的概念及各种水量平衡方程。

重点与难点：水文循环与地质循环的区别；水文循环的意义；水文循环的内外因条件；水文循环的水量平衡方程。

2.1 地球中水的分布

地球是一个富水的行星。地球各个层圈，从地球浅部层圈（大气圈至地下数千米范围）直到地球深部层圈（地壳下部、地幔和地核），都存在水。

地球浅部层圈的水大多以集合体的形式存在，例如，大气中的水汽，地表的河流、湖泊、海洋、沼泽、冰川和地下水。这种水的集合体称为水体。地球浅部层圈各种水体组成的具有相互联系的统一整体，称为地球水圈。

关于地球中水的起源曾有多种假说，目前普遍接受的观点是：地球形成时便有大量的水，地球浅部层圈的水（包括大气、海洋、河湖中水以及地下水）是原始地壳形成以后，在整个地质时期从地球内部不断逸出而形成的[1,2,5]。

2.1.1 地球浅部层圈中水的分布

地球浅部层圈中赋存有大气水、地表水、地下水、生物体及矿物中的水。这些水均以自由态 H_2O 分子形式存在，以液态为主，也呈气态与固态存在。地球浅部层圈中水量总计为 $138.6 \times 10^{16} m^3$。其中，咸水占97%以上，淡水不到3%。淡水中，固态水（冰川、永久积雪等）约占70%，其余30%是液态水。液态淡水中，地下水量约占99%。具体见表2.1~表2.3。

表2.1   地球浅部层圈中水的数量及分布（一）

主要水体		水量/$10^{16} m^3$	占总水量的百分比/%
海洋		133.800000	96.537868
大陆	包气带水	0.001650	0.001190
	饱水带水	2.340000	1.688330
	永久冻土带固态水	0.030000	0.021645
	冰川、永久积雪等	2.406410	1.736246
	湖泊	0.017640	0.012727

续表

主要水体		水量/$10^{16} m^3$	占总水量的百分比/%
大陆	沼泽	0.001147	0.000828
	江河	0.000212	0.000153
	生物水	0.000112	0.000081
	陆地总量	**4.797171**	**3.461201**
大气水		0.001290	0.000931
总水量		**138.598461**	**100.000000**

注　表中未包括岩石圈矿物结合水。

表 2.2　　　　　　　　　地球浅部层圈中水的数量及分布（二）

主要水体		水量/$10^{16} m^3$	占总水量的百分比/%
大气水		0.001290	0.000931
地表水	海洋	133.800000	96.537868
	冰川和永久积雪	2.406410	1.736246
	湖泊	0.017640	0.012727
	沼泽	0.001147	0.000828
	江、河	0.000212	0.000153
	地表总量	**136.225409**	**98.287822**
地下水	包气带水	0.001650	0.001190
	饱水带水	2.340000	1.688330
	永久冻土带固态水	0.030000	0.021645
	地下总量	**2.371650**	**1.711166**
生物水		0.000112	0.000081
总水量		**138.598461**	**100.000000**

注　表中未包括岩石圈矿物结合水。

表 2.3　　　　　　　　　地球浅部层圈中淡水的数量及分布

水体类型		水量/$10^{16} m^3$	其中淡水量/$10^{16} m^3$	占淡水总量的百分比/%
大气水		0.001290	0.001290	0.036826
大陆地表	冰川、永久积雪等	2.406410	2.406410	68.697239
	湖泊	0.017640	0.009100	0.259783
	沼泽	0.001147	0.001147	0.032744
	江河	0.000212	0.000212	0.006052
	地表总量	**2.425409**	**2.416869**	**68.995818**
大陆地下	包气带水	0.001650	0.001650	0.047104
	饱水带水	2.340000	1.053000	30.060627
	永久冻土带固态水	0.030000	0.030000	0.856428
	地下总量	**2.371650**	**1.084650**	**30.964158**
生物水		0.000112	0.000112	0.003197
合　计		**4.798461**	**3.502921**	**100.000000**

注　表中未包括岩石圈矿物结合水。

2.1.2 地球深部层圈中水的分布

地球深部层圈中，水的存在形式与地壳浅表不同，水量也远远超过浅表。地球深部层圈中的水主要以两种形式存在：矿物中的水（以 H_2O 形式存在的结晶水，以 H^+、OH^- 及 O^{2-} 形式存在的结构水）以及超临界状态水。高温和高压使水达到超临界状态时（$t_c =$ 374℃，$p_e = 22.1MPa$），氢键裂解，水以 H^+、OH^- 及 O^{2-} 形式存在。超临界状态水，热容高，溶解能力强，与超临界状态 CO_2 共同构成超临界流体，对深部地质作用（成岩、成矿、地质构造演化、地震与火山喷发等）有重要影响，是当代水文地质学的研究前沿[19-21]。当软流层的岩浆沿通道上升，温压降低时，氢、氧离子将结合为自由态的水而析出[21]。

不同学者对地幔中的水量估计差别很大：有的得出，下地幔水量为海水的 50 倍[22]；有的估算，地幔水量约为海水的 15 倍[20,23]，根据实验结果判断，地幔所含水量远较一般估计的少。

2.2　地球中水的循环

地球各部位（层圈）的水是相互联系的，处于不断相互转换之中。各层圈水分不断交换的过程，称为水循环（Water Cycle）（图 2.1）。

根据水循环所涉及圈层的不同，可将地球中的水循环分为地质循环（Geologic Cycle）和水文循环（Hydrologic Cycle）两种类型。

2.2.1　地质循环

地质循环（Geologic Cycle）是指地球深部层圈的水与浅部层圈的水之间的相互转化过程。

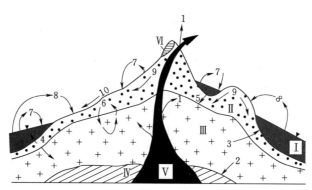

图 2.1　水循环示意图

（资料来源：张人权，2011 年；沈照理，1985 年）

Ⅰ—海洋水；Ⅱ—沉积盖层；Ⅲ—地壳的结晶岩；Ⅳ—地幔；Ⅴ—岩浆源；Ⅵ—大陆冰盖；1—来自地幔源的初生水；2—返回地幔的水；3—岩体重结晶脱出水（再生水）；4—沉积成岩时排出的水；5—封存于沉积物中的埋藏水；6—热重力和化学对流有关的地壳内循环；7—海陆内部的蒸散和降水（小循环）；8—海陆之间的蒸散和降水（大循环）；9—地下径流；10—地表径流

火山喷发及洋脊热液"烟囱"将水从地幔带到地壳浅表、地表、大气和海洋（图 2.1 中的 1），地壳浅表的水通过板块俯冲带进地幔（图 2.1 中的 2），是最直观的水分地质循环。来自地幔的水称为初生水，据估计，每年逸出的初生水量约为 $2 \times 10^8 \, \mathrm{m}^{3\,[21]}$。

另一种水的地质循环发生在成岩、变质和风化作用过程中。矿物中的水脱出，转化为自由水（图 2.1 中的 3），称为再生水；自由水可转化为矿物结晶水或结构水。沉积成岩时，也将排出水（图 2.1 中的 4），或埋存在沉积物中（图 2.1 中的 5），后者称为埋藏水[21,24]。

查明水的地质循环，有助于分析地壳浅表和深部各种地质作用，对于寻找矿产资源、预测大尺度环境变化和深部地质灾害等，均有重大意义。

2.2.2　水文循环

水文循环（Hydrologic Cycle）是指地球浅部层圈中的水在浅部层圈内的相互转化过程，即大气水、地表水和地下水之间的相互转化过程。

太阳辐射和地球引力是水文循环的一对驱动力。地球浅部层圈中的各种水体，在太阳辐射作用下，不断地蒸散（蒸发和散发或蒸腾）变成水汽进入大气圈，并随气流的运移输送到全球各地，在一定的条件下气态水凝结，在地球引力作用下，形成降水。降落到陆地的降水，部分被植被、地表低洼带和包气带截留，最终以蒸散的形式再进入大气圈，继续上述过程；部分转换为地表和地下径流沿江河回归大海或湖泊，再重复上述过程。降落海洋的降水，通过蒸发转换再返回大气（图 2.2）。

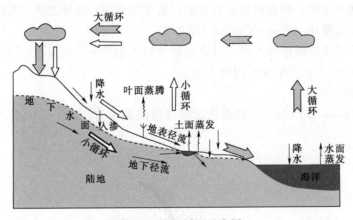

图 2.2　水文循环示意图

水文循环的上限大致可达地面以上 16km 的高度，即大气的对流层；下限可达地面以下平均 2km 左右的深度，即地壳中空隙比较发育的部分。

地球浅部层圈的水之所以能够形成水文循环而循环往复，这是因为，一方面地球浅部层圈的水，在常温下能够实现液、气和固三态的转化；另一方面，太阳辐射和地球引力为水文循环提供了一对驱动力。太阳辐射促使水分蒸散、空气流动、冰雪融化等，它是水文循环的能源；地球引力则是形成降水、水分下渗和径流回归海洋的动力。

根据水文循环的整体性与局部性（或循环路径），可以将水文循环分为大循环（外循环）和小循环（内循环）。小循环又可分为陆陆小循环和海海小循环。所谓大循环（外循环）是指在海陆之间的水分交换过程；而小循环（内循环）则指陆地或海洋本身范围内的水分交换过程。

依据水文循环的研究尺度，又可将水文循环分为全球水文循环、流域（区域）水文循环和"水-土-植系统"水文循环。

参与水文循环的各种水体，交替更新的速度差别很大。大气水的循环更新周期仅为 8 天，每年平均更新约 45 次。河水循环更新周期平均为 16 天，每年更新约 23 次。湖水循环更新周期平均为 17 年。海洋水循环更生周期为 2500 年[2,25]。地下水的循环再生周期大于河湖水；土壤水为 1 年到数年；交替迅速的浅部地下水为数年，交替缓慢的深部地下水，从数百年到数万年不等。表 2.4 给出了各种水体循环更新的周期。

表 2.4 各种水体循环更新的周期

水体类别	更新时间	水体类别	更新时间
极地冰川、常年雪	约 10000 年	沼泽水	5 年
永冻地带地下水	9700 年	土壤水	1 年
世界大洋	2500 年	河流水	26 天
高山冰川	1600 年	大气水	8 天
深部地下水	1400 年	生物水	几个小时
湖泊水	17 年	全球	2400 年

水文循环对于保障生态环境以及人类生存与发展至关重要。其意义如下。

（1）水通过不断地循环转化，使水质得以净化、水量得以更新再生，形成巨大的、可以重复使用的水资源，使人类获得永不枯竭的水资源。

（2）水文循环是众多物质循环中最重要、最活跃的物质循环，不仅是水资源可再生的根本原因，而且是地球上生命生生不息，能千秋万代延续下去的重要原因之一。

（3）形成一切水文现象，调节气候，维持生态平衡。

通过蒸散进入大气的水汽，是产生云、雨和闪电等现象的主要物质基础。蒸散产生水汽，水汽凝结成固态或液态的水（雨、雪、霜、露、雹），吸收或放出大量潜热。空气中的水汽含量直接影响气候的湿润或干燥，调节地面气候。

（4）形成各种地貌，塑造地球表面。

降水形成的地表径流，冲刷和侵蚀地面，形成沟溪江河；水流搬运大量泥沙，可堆积成冲积平原；渗入地下的水，溶解岩层中的物质，富集盐分，输入大海；易溶解的岩石受到水流强烈侵蚀和溶解作用，可形成岩溶等地貌。

由此可见，水文循环和地质循环是很不同的自然界的水循环。水文循环通常发生于地球浅部层圈中，以自由态 H_2O 分子形式存在和转化，通常循环更替速度快，对地球的气候、水资源、生态环境等影响显著，与人类的生存环境有着直接的密切关系，是水文学与水文地质学的研究重点。而水的地质循环发生于地球浅部层圈与深部层圈之间，循环速度缓慢，常伴有水分子的分解与合成，其对于认识地球的起源、地质演化及地球演化过程中水的作用具有重要的意义。

2.3 与水文循环有关的气象、水文因素

自然界中水文循环的重要环节——蒸散、水汽输送、降水、径流（包括地表径流和地下

径流），与大气的物理状态密切相关；气象和气候因素对水资源的形成与分布具有重要影响。

2.3.1　主要气象因素

主要气象因素包括气温、气压、湿度、蒸散和降水。

（1）气温的影响。由于地球是大气的第二热源，因此地表的热力状况随时间和空间的变化必然导致气温的相应变化。气温在一个地区具有昼夜变化、季节变化和多年变化。

（2）气压的影响。由于大气密度随高度增加而降低，因此压力也随高度增加而降低。而地表热力状况的差异，造成气压在水平方向的变化。地表覆盖状况不同，热力状态有很大差异。例如，由于水和岩土的热容量差别较大，因此，冬季大陆气温较海洋低，气压则高于海洋地区，夏季则正好相反。这就造成了海陆之间的气压差，而形成了周期性的季风。气压差引起气流，气流运动使大气中的水分与热量重新分配，从而引起各种复杂的天气现象。

（3）湿度的影响。空气中水汽含量构成了空气湿度。水汽具有重量，所以也有压力。空气中水汽含量的多少，可以用重量或压力表示。湿度分为绝对湿度和相对湿度两种。由于饱和水汽含量随温度降低而减小，因此当绝对湿度不变时，随气温下降，相对湿度随之增高。当绝对湿度与饱和水汽含量相等时，相对湿度等于 100%。空气中水汽达到饱和时的气温称为露点。当气温降到露点以下，空气中过剩的水汽即凝结而形成不同形式的液态或固态降水。

（4）蒸散的影响。在常温下水由液态变为气态进入大气的过程称为蒸散。土壤、水体表面的蒸发和植物的散发（蒸腾）合称为蒸散。空气中的水汽主要来自地表水、地下水、土壤水和植物水的蒸散。有了蒸散作用，水文循环才得以不断进行。

（5）降水的影响。降水是水文循环的主要环节之一，一个地区降水量的大小，决定了该地区水资源的丰富程度，对地下水资源的形成具有重要影响。

蒸散与降水对水文循环特别是地下水资源的形成与分布影响重大，后续课程还会涉及。

2.3.2　水文因素

水文因素主要是径流。径流是指降落到地表的降水在重力作用下沿地表和地下流动的现象，为水文循环的重要环节和水均衡的基本要素，分为地表径流和地下径流，两者具有密切联系，并经常相互转化。降落到地表的水通过下渗环节，对降水进行地表与地下径流的分配。

径流通常用流量、径流量、径流模数、径流深度、径流系数等指标表示。流量是指单位时间内通过河流（渠道、管道）某一断面的水量，常用单位为 m^3/s；径流量是某一时段 t 内通过河渠某一断面的总水量，常用单位为 m^3 或万 m^3；径流模数是单位流域面积上的平均产水量，常用单位为 $L/(s \cdot km^2)$；径流深度是计算时段内的总径流量分布于测站以上整个流域面积上所得到的平均水层深度，常用单位为 mm；径流系数是同一时段内流域面积上的径流深度与降水量的比值，无量纲。

2.4　水文循环的水量平衡

2.4.1　水量平衡的概念

地球上的水不会轻易散失到地球以外的宇宙空间去，宇宙空间的水分也很少能够来到地球上，地球上水的总量可以看成一个不变的常量。但对于任意一区域或任意一水体而言，任意一时段的水量则可以是不同的，有增加或减少的变化。水在循环过程中，遵循宇宙间普遍存在的物质不灭定律和质量守恒定律，既不会增加也不会灭失，总量保持不变。由此即可得到水量平衡的概念，或称水量平衡原理[26]。

水量平衡是指任意区域在任意时段内，其收入水量与支出水量的差额，必然等于其蓄水量的变化量。

2.4.2 通用水量平衡方程

根据水量平衡原理，对于任意区域在任意时段内，有

$$I - O = \Delta S \tag{2.1}$$

式中　I——时段内的收入水量；

　　　O——时段内的支出水量；

　　ΔS——时段内区域蓄水量的变化量。

式（2.1）为水量平衡方程的最基本形式。对于具体区域，可以细化式（2.1）中 I 和 O 项，列出具体的水量平衡方程式。假定一任意选定区域，沿该区域边界取垂直柱体，其上界为地表，下界为位于某一深度的与更下层无水分交换的底面。设该柱体在时段 $t_1 \sim t_2$ 内水量收入项有：时段内降水量 P，时段内水汽凝结量 E_1，时段内地表径流流入量 R_{s1}，时段内地下径流流入量 R_{g1} 和时段内人工补水量 q_1。水量支出项有：时段内的蒸散量 E_2，时段内地表径流流出量 R_{s2}，时段内地下径流流出量 R_{g2} 和时段内人工取水量 q_2。时段开始 t_1 时的蓄水量为 S_1，时段结束 t_2 时的蓄水量为 S_2。据此可列出该柱体在时段 $t_1 \sim t_2$ 内的水量平衡方程：

$$(P + E_1 + R_{s1} + R_{g1} + q_1) - (E_2 + R_{s2} + R_{g2} + q_2) = S_2 - S_1 \tag{2.2}$$

因为推导式（2.2）时，划定的区域和选定的时段均是任意的，所以其具有普遍意义，故称为通用水量平衡方程。

随着观测手段和试验方法的不断发展，水量平衡研究也愈加详尽。如对上述闭合柱体分为若干个层次，分层研究水量的收支情况，建立各层的水量平衡方程，则研究成果将会更加细致和精确。

2.4.3 流域水量平衡方程

假定任意一流域为一闭合流域，即流域的地面分水线和地下分水线相重合，该流域与相邻流域无水量交换，即地表径流流入量 $R_{s1} = 0$，地下径流流入量 $R_{g1} = 0$，则通用水量平衡方程（2.2）可改写为

$$(P + E_1 + q_1) - (E_2 + R_{s2} + R_{g2} + q_2) = S_2 - S_1 \tag{2.3}$$

若流域内的河流切割足够深，地下水流入河流并与地表水一起流出流域出口断面，则地表径流流出量和地下径流流出量之和（$R_{s2} + R_{g2}$）可以用流域总径流量 R 表示，即 $R = R_{s2} + R_{g2}$；水分蒸散 E_2 与水汽凝结 E_1 为一相反的过程，两者水量之差（$E_2 - E_1$）可用有效蒸散量 E 表示，即 $E = (E_2 - E_1)$；人工补水量和取水量之差（$q_2 - q_1$）可用人工净取水量 q 表示，即 $q = q_2 - q_1$；时段内的流域蓄水变化量可用 ΔS 表示，即 $\Delta S = S_2 - S_1$。据此，则式（2.3）可写为

$$P - E - R - q = \Delta S \tag{2.4}$$

这就是流域水量平衡方程。

若研究时段为多水期，则 ΔS 为正值，表示流域内的降水 P 消耗于径流 R、蒸散 E 和人工取水 q 外，还有水量盈余，增加了流域内的蓄水量；若为少水期，ΔS 为负值，表示径流 R、蒸散 E 和人工取水 q 不仅消耗了全部的降水量 P，而且还消耗了部分流域蓄水量。

当研究时段相当长时，必然包含多水期和少水期。如果研究区域是纯自然流域，即不存在人工取水，则 q 接近于 0。这种情况下，在多年期间，ΔS 有正有负，而多年平均情况下 ΔS 则趋近于 0。因此，流域多年平均水量平衡方程式为

$$\overline{P} = \overline{E} + \overline{R} \tag{2.5}$$

式中　$\overline{P}$——流域多年平均降水量；

　　　$\overline{E}$——流域多年平均蒸散量；

　　　$\overline{R}$——流域多年平均径流量。

若式（2.5）两边同时除以 $\overline{P}$，则得

$$\frac{\overline{E}}{\overline{P}} + \frac{\overline{R}}{\overline{P}} = 1 \tag{2.6}$$

令 $\alpha = \dfrac{\overline{R}}{\overline{P}}$，$\beta = \dfrac{\overline{E}}{\overline{P}}$，则

$$\alpha + \beta = 1 \tag{2.7}$$

式中　α——多年平均径流系数，表示降水量中转化为径流量的比例；

　　　β——多年平均蒸散系数，表示降水量中消耗于蒸散而转化为水汽的比例。

式（2.7）表明，流域多年平均条件下，径流系数与蒸发系数之和等于 1。当两个变量之和为定值 1 时，一个变量的值大必然伴随着另一个变量的值小。因此，α 和 β 综合反映了一个地区气候的干湿状况。干燥地区蒸散系数大，径流系数小，说明降水多数消耗于蒸散而产生径流少，水分不足。湿润地区蒸散系数小而径流系数大，说明降水多数产生径流，而消耗于蒸散的量少，水分丰沛。由此可见，α 和 β 可以用来作为地区干湿程度的衡量指标。例如，我国黄河流域 $\alpha = 0.15$，长江流域 $\alpha = 0.51$，表明长江流域比黄河流域湿润，水资源丰富。

应说明的是，如果流域的地上分水线和地下分水线不重合，即流域为非闭合流域，则存在与相邻流域的地下水交换。与外流域的这种地下水交换量，对于大流域的水量平衡影响不大，而对于小流域和特殊流域，如喀斯特地区的影响不容忽视。在建立水量平衡方程时，应考虑在流域水量平衡方程式中增加相应的项，以反映该流域与相邻流域的地下水交换量。当流域内存在跨流域调水时，也应考虑在水量平衡方程式中增加相关项，予以反映。

2.4.4　全球水量平衡方程

地球表面有大陆和海洋两大基本单元，可以依据通用水量平衡方程，首先分别建立海洋和陆地的水量平衡方程，然后再将它们合并为全球水量平衡方程。

对于任意时段的全球海洋，有

$$P_o + R - E_o = \Delta S_o \tag{2.8}$$

式中 P_o——海洋上的降水量；

R——陆地流入海洋径流量；

E_o——海洋上的蒸发量；

ΔS_o——海洋蓄水量的变化量。

式（2.8）即为任意时段海洋水量平衡方程。

若是多年平均情况，则海洋水量平衡方程式为

$$\overline{P_o} + \overline{R} - \overline{E_o} = 0 \tag{2.9}$$

对于任意时段的全球陆地，有

$$P_c - R - E_c = \Delta S_c \tag{2.10}$$

式中 P_c——陆地上的降水量；

E_c——陆地上的蒸散量；

ΔS_c——陆地蓄水量的变化量。

式（2.10）即为任意时段的陆地水量平衡方程。

若是多年平均情况，则陆地水量平衡方程式为

$$\overline{P_c} - \overline{R} - \overline{E_c} = 0 \tag{2.11}$$

式（2.8）～式（2.11）中，R 均是指由全球陆地流入海洋的径流量；P_o 和 P_c 之和为全球降水量 P，即 $P = P_o + P_c$；E_o 和 E_c 之和为全球蒸散量 E，即 $E = E_o + E_c$。若考虑全球多年平均情况，将式（2.9）和式（2.11）相加，则得到多年平均全球水量平衡方程式为

$$\overline{P} - \overline{E} = 0 \tag{2.12}$$

此式表明，全球的降水全部用于全球的蒸散。

在式（2.12）中，没有体现径流 R，原因在于从全球角度看，R 是全球水文系统内部水量的转换，它的发生并未引起全球水量的变化。从全球水文系统整体来看，R 既不是水量的收入项，也不是水量的支出项，对全球的水量平衡无任何影响，故不会在全球水量平衡方程中体现出来。

据估算，全球海洋平均每年有 505 万亿 m^3 的水蒸发到大气中，而降水量约为 458 万亿 m^3，海洋区域降水量比蒸发量少 47 万亿 m^3，这与陆地注入海洋的径流量相等（表2.5），说明全球的总水量是保持平衡的。

表 2.5　　　　　　　　　　　地球上的水量平衡

区　域	多年平均蒸散量		多年平均降水量		多年平均径流量	
	体积/万亿 m^3	深度/mm	体积/万亿 m^3	深度/mm	体积/万亿 m^3	深度/mm
海　洋	505	1 400	458	12 070	47	130
陆地外流区	63	529	110	24	47	395
陆地内流区	9	300	0.9	300		
全　球	577	1 130	577	1 130		

资料来源：管华，2010 年，有修改。

2.5　我国水文循环概况

我国位于世界最大陆地——欧亚大陆的东缘，地处中纬度地带，西有青藏高原，东临太平洋，既受中纬度西风带天气系统的影响，又受低纬度天气系统的作用。对我国气候起控制作用的是两个高压中心，一个是夏威夷亚热带高压中心，带来暖湿气候；另一个是蒙古寒带高压中心，带来干寒气候[5]。

影响我国降水的风，最重要的是季风。夏季，风自海洋吹向大陆；冬季，风则由大陆吹向海洋。这种随季节变化的风叫季风。季风使我国的降水具有明显的季节性。夏季，海洋上比大陆上凉爽，洋面上的气压高于大陆，西南风或东南风将洋面上暖湿空气源源不断地输往大陆，6—9月为雨季，降水充沛，水文循环强烈，引起夏季的暴雨洪水；冬季则相反，风由大陆吹向海洋，我国绝大部分地区受来自西伯利亚和蒙古干冷气团的影响，盛行西北风或东北风，形成寒冷少雨的天气[5]。

我国水文循环的另一个重要特征就是降水在空间上分布的不均匀性，表现为东多西少，南多北少，进而决定了我国水资源分布存在较大的时空差异。我国东南沿海地区年降水量在1500mm以上，长江流域约1200mm，华北地区一般年降水量为600～800mm，而新疆的塔里木盆地年降水量在50mm以下，甚至有的地方几乎终年无雨。据近年公布的水资源资料，我国总径流量为2.78万亿 m^3/a，长江及以南占75%，华北、西北占10%；地下水径流量为7000亿 m^3/a，长江及以南占60%，华北、西北占20%。全国冰川积雪总量为51322.2亿 m^3（分布面积58641km^2），冰雪融水为563.42亿 m^3/a，是绿洲的补给源。降水量在空间的不均匀性导致了我国水资源分布的不均匀性[5]。

思 考 题

1. 简述水文循环与地质循环有何不同点。
2. 简述水文循环的意义。
3. 水文循环的内因、外因是什么？
4. 研究一个地区水量平衡的意义有哪些？
5. 为什么称水资源为再生资源？可再生的水资源是取之不尽的吗？

扫描二维码阅读
本章数字资源

第3章 岩土中的空隙和水

学习目标：掌握孔隙、裂隙和溶隙这三种岩土中空隙的类型；重点掌握孔隙的大小、多少（孔隙度）的表征及其影响因素；了解不同空隙的特征及相互之间的差异；掌握岩土空隙中水的存在形式；了解结合水、重力水、毛细水的特征；掌握岩土孔隙度、给水度、持水度的概念和他们之间的关系，以及影响因素；了解容水性、含水性、给水性、持水性的概念及衡量指标。

重点与难点：岩土中空隙的三种类型，以及影响孔隙的大小、多少（孔隙度）的因素；岩土空隙中水的存在形式以及结合水、重力水、毛细水的特征；岩土的孔隙度、给水度、持水度的概念和他们之间的关系。

3.1 岩土中的空隙

空隙是指岩土中没有被固体颗粒占据的空间。构成地壳的岩土，无论是松散的沉积物，还是坚硬的基岩，均存在数量不等、大小不一、形状各异的空隙。没有空隙的岩土是不存在的。即使十分致密坚硬的花岗岩，也发育有一定的裂隙。岩土中的空隙是地下水的储存空间和运移通道。空隙的多少、大小、形态、方向性、连通程度及其分布规律决定着岩土储存、滞留、释出以及传输水的性能。

通常按空隙的形状特征和发育岩土类型将其分为松散岩土中的孔隙、坚硬岩土中的裂隙和可溶性岩土中的溶隙（溶孔、溶穴或溶洞）三大类[1,4,5,8,9]，如图3.1所示。

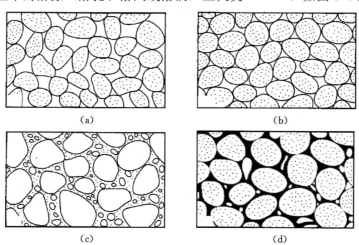

(a)   (b)

(c)   (d)

图 3.1（一） 岩土中的空隙

(a) 分选良好，排序疏松的砂；(b) 分选良好，排列紧密的砂；(c) 分选不良，含泥沙的砾石；(d) 经过部分胶结的砂岩

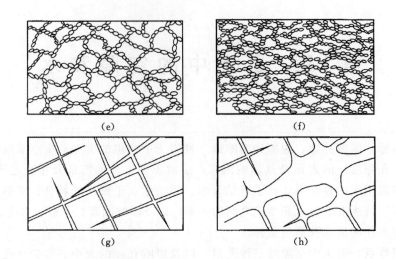

图 3.1（二）　岩土中的空隙

（资料来源：张人权，2011 年；陈南祥，2008 年）

（e）具有结构性孔隙的黏土；（f）经过压缩的黏土；（g）发育裂隙的岩石；（h）发育溶隙的可溶性岩

3.1.1　孔隙

松散（半松散）岩层由大小不等的颗粒组成。颗粒及颗粒集合体之间的空隙，称为孔隙。岩土中孔隙体积的多少是影响其储容地下水能力大小的重要因素，可用孔隙度表示。孔隙度（n）亦称孔隙率，是指岩土中孔隙的体积（V_n）与包括孔隙在内的岩土体积（V）之比，公式为

$$n = \frac{V_n}{V} \quad 或 \quad n = \frac{V_n}{V} \times 100\% \tag{3.1}$$

孔隙度是一个比值，通常用百分比表示，也可用小数表示。松散岩土孔隙度常见参考值见表 3.1。

表 3.1　　　　　　　　　　松散岩土孔隙度常见参考值

岩土类型	砾石	砂	粉砂	黏土	泥炭
孔隙度 n/%	25~35	25~50	35~50	40~70	80

资料来源：Freeze 和 Cheery，1979 年；张人权，2011 年。

影响孔隙度大小的因素有多种，起决定作用的是岩土颗粒的分选程度和排列情况，而与颗粒的大小无关。

颗粒分选程度越差，孔隙度越小；反之，分选程度越好，孔隙度越大。排列越疏松孔隙度越大，反之，排列越紧密孔隙度越小。下面利用理想等粒径圆球颗粒说明排列情况对岩土孔隙度的影响。

理想等粒径圆球颗粒呈立方体（圆心连线呈正方体）排列时，计算得出孔隙度为 47.64%［图 3.2（a）］；呈菱形四面体排列时，孔隙度为 25.95%［图 3.2（b）］。前者为粗粒岩土理论最大孔隙度，后者则并非粗粒岩土理论最小孔隙度。

自然界中不存在理想圆球状颗粒，松散岩土不可能由同等大小的颗粒组成，颗粒排列

方式往往不是立方体及四面体，通常介于两者
之间。

其外颗粒形状及胶结充填情况也会影响孔
隙度的大小。颗粒形状越不规则，棱角越明显，
则排列越不紧密，孔隙度也越大；胶结充填越
好，孔隙度也越小，反之越大。

黏性土的孔隙度较粗粒岩土大得多。原因
是：黏性土颗粒表面带有电荷，沉积时黏粒聚
合，形成架空的颗粒聚合体，可以形成大于颗
粒直径的孔隙。此外，黏性土通常存在次生空
隙（节理、裂缝、虫孔、根孔等），有时也有胶
结物。

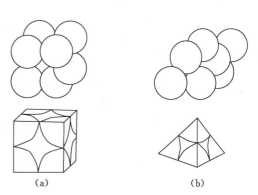

图 3.2　颗粒不同的排列防水
（a）立方体排列；（b）四面体排列

孔隙度只反映孔隙数量的多少，不反映其大小。孔隙的大小与岩土颗粒粗细，即粒径
大小有关，通常粒径越大，孔隙越大；粒径越小，孔隙越小。然而，由于细颗粒岩土的表
面积增大，孔隙度反而增大。例如，黏性土的孔隙度可达 $45\%\sim55\%$，而砾石的孔隙度
平均只有 27%。孔隙的大小还与颗粒形状的规则程度有关。

3.1.2　裂隙

固结坚硬岩石包括沉积岩、岩浆岩和变质岩。裂隙的发育主要是由于这些岩石在各种
应力作用下破裂变形而产生。裂隙按成因的不同，可划分为成岩裂隙、构造裂隙、风化裂
隙及卸荷裂隙。成岩裂隙是岩石在成岩过程中，由于冷凝收缩（岩浆岩）或固结干缩（沉
积岩）而产生。构造裂隙是岩石在构造变动中受力而产生，这种裂隙具有方向性，大小悬
殊（由隐蔽的节理到大断层），分布不均的特点，分化裂隙是在分化营力作用下，岩石破
坏产生的裂隙，主要分布在地表附近。卸荷裂隙是由于自然地质作用和人工开挖使岩体应
力释放和调整而形成的裂隙。

岩土中裂隙的多少以裂隙率表示。裂隙率（K_T）是指裂隙的体积（V_T）与包括裂隙
在内的岩土体积（V）的比值，公式为

$$K_T = \frac{V_T}{V} \quad 或 \quad K_T = \frac{V_T}{V} \times 100\% \tag{3.2}$$

与孔隙相比，裂隙的分布具有明显的不均匀，即使是同一种岩土，某些部位的裂隙率
高达百分之几十，而有些部位则可能小于 1%。此外，裂隙的多少还可以用面裂隙率或线
裂隙率表示。

3.1.3　溶隙

可溶性岩土，如岩盐、石膏、石灰岩和白云岩等，原有的裂隙或孔隙，经过地下水溶
蚀，可以扩大为溶孔、溶穴或溶洞，统称为溶隙。溶隙的多少用岩溶率（喀斯特率）表
示。岩溶率（K_K）为溶隙的体积（V_K）与包括溶隙体积在内的岩土体积（V）之比，公
式为

$$K_K = \frac{V_K}{V} \quad 或 \quad K_K = \frac{V_K}{V} \times 100\% \tag{3.3}$$

与裂隙相比较，溶隙在形状、大小等方面变化更大，小的溶孔直径仅为数毫米，大的溶洞可达几百米，有的形成地下暗河可延伸数千米。因此，岩溶率在空间上极不均匀。

由上所述可知，虽然裂隙率、岩溶率与孔隙度（率）的定义相似，均可在数量上说明岩土空隙所占比例的大小，但是它们的实际意义存在区别。孔隙度（率）具有较好的代表性，可适用于相当大的范围；裂隙率由于裂隙分布的不均匀而适用范围受到极大的限制；而岩溶率即使是平均值也不能完全反应实际情况，局限性更大。

3.2　岩土中的水

地壳岩土中的水可分为两大类，一类是岩土"骨架"中的水，另一类是岩土空隙中的水，如图 3.3 所示。

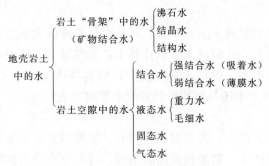

图 3.3　地壳岩土中水的分类

3.2.1　结合水

岩土颗粒及岩土空隙表面都带有电荷，而水分子是偶极体，因此，岩土固相表面能够吸附水分子。根据库仑定律，电场强度与距离平方成反比，因此，距固相表面近的水分子受静电引力强；随着距离加大，吸引力降低。

结合水是指受岩土固相表面的引力大于水分子自身重力的那部分水，即被岩土颗粒的分子引力和静电引力吸附在岩土颗粒表面的水[1,2,5]。

最接近岩土颗粒表面的结合水称为强结合水，又称吸着水。为紧附于岩土颗粒表面结合最牢固的一层水（图 3.4），其所受吸引力相当于 1 万个大气压❶。其含量，在黏性土中为 48%，在沙土中为 0.5%。其特点为：强结合水厚度达上百个水分子直径，吸引力大，冰点低（−78℃），密度大（2g/L），无溶解能力，不能运动[5]。

强结合水的外层由于分子力而黏附在岩土颗粒上的水称为弱结合水，又称薄膜水。其含量，在黏性土中为 48%，在沙土中为 0.2%。其特点为厚度较大，吸引力小，密度较大，有溶解能力和一定的运动能力，在饱水带中能传递静水压力，静水压力大于结合水的抗剪强度时能够运移，其外层可被植物吸收，有抗剪强度[5]。

3.2.2　重力水

重力水是指距岩土固体表面更远，重力对其影响大于岩土固相表面对其的吸引力，能

---

❶　大气压是废除的计量单位，1 标准大气压（atm）＝101325Pa，全书下同。

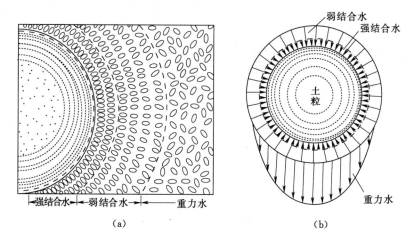

图 3.4 结合水与重力水示意图

(资料来源：张人权，2011 年)

（a）图中椭圆形代表水分子，结合水带正电荷一端朝向固相表面；（b）图中箭头代表水分子受力方向

在重力影响下自由运动的那部分水。流溢的泉水、从井中汲取的水，都是重力水。长期以来，重力水是水文地质学研究的主要对象。

3.2.3 毛细水

松散岩土中细小的孔隙通道构成了细小的毛细管。岩土中众多细小的毛细管，通过毛细力的作用，也会形成毛细现象，常常在地下水面以上形成毛细水带（图 3.5）。

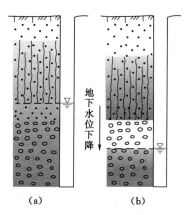

图 3.5 支持毛细水与悬挂毛细水

（a）支持毛细水；（b）悬挂毛细水

毛细水就是由于毛细力的作用而保存于包气带内岩土空隙中的地下水，可分为支持毛细水、悬挂毛细水和孔角毛细水。

支持毛细水是在地下水面以上由毛细力的作用形成的毛细水带中的毛细水 [图 3.5（a）]。

细粒岩土层与粗粒岩土层交互成层时，在一定的条件下，由于上下弯液面毛细力的作用，在细粒岩土层中会保留与地下水面不连接的毛细水，这种毛细水称为悬挂毛细水 [图 3.5（b）]。

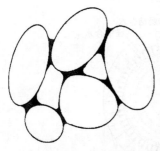

图 3.6　孔角毛细水

在包气带中颗粒接触点上还可以悬留孔角毛细水（图 3.6），即使是粗大的卵砾石，颗粒接触处孔隙大小也总可以达到毛细管的程度而形成弯液面，使降水滞留在孔角上。

3.2.4　气态水、固体水

岩土空隙中气态水和固态水的含量很小。其中气态水存在于包气带中，可以随空气流动。另外，即使空气不流动，它也能从水汽压力大的地方向水汽压力小的地方移动。气态水在一定的温度、压力下可与液态水相互转化，两者之间保持动态平衡。

岩土的温度低于 0℃ 时，空隙中的液态水转化为固态。我国北方冬季常形成冻土，东北及青藏高原冻土地区有部分岩土中赋存的地下水多年保持固态。

3.2.5　矿物中的水

除了以上所述岩土空隙中的水，还有存在于矿物结晶格架内部及其间的水，即结构水、结晶水和沸石水。

1. 结构水（化合水）

结构水又称为化学结合水，是以 OH^- 和 H^- 离子的形式存在于矿物结晶格架固定位置上的水。它并不是水，也很难从结晶格架中析出，是固体矿物的组成部分。但是，在高温 450～500℃ 条件下，这些离子能从结晶格架中析出化合成水，原有的结晶格架也被破坏，转变为另一种新的矿物。

2. 结晶水

结晶水以水分子（H_2O）的形式存在于矿物结晶格架固定位置上的水。具有一定的数量。这种水与结晶格架上离子结合的牢固程度较弱，加热不到 400℃ 时即能析出。结晶水与结构水一样，一旦析出，原来的结晶格架就被破坏，使原有的矿物变成另一种新矿物。

3. 沸石水

沸石水以水分子（H_2O）的形式存在于沸石族矿物晶胞之间，数量可多可少，即其含量多少并不影响晶胞的结晶格架，析出时也不致矿物种类发生变化。例如，方沸石（$NaAlSi_2O_6 \cdot H_2O$）中含有沸石水。

3.3　岩土的水理性质

岩土空隙为地下水的赋存提供了空间，但是水能否自由进出这些空间以及岩土滞留水的能力，则与岩土表面控制水分活动的条件、性质有很大关系。含水介质与水接触而表现出的与水分储存、运移有关的岩土性质称为含水介质或岩土的水理性质，主要包括容水性、含水性、给水性、持水性、透水性和储水性。

3.3.1　容水性

容水性是指在常压下岩土能够容纳一定水量的性能，衡量指标为容水度。容水度（W_n）是指岩土完全饱水时，所能容纳最大水的体积（V_n）与岩土总体积（V）的比值，

用小数或者百分数表示，公式为

$$W_n = \frac{V_n}{V} \quad \text{或} \quad W_n = \frac{V_n}{V} \times 100\% \tag{3.4}$$

容水度的大小取决于岩土空隙的多少以及水在空隙中的充填程度，一般小于空隙度。如果岩土的全部空隙均被水充满，则容水度在数值上等于空隙度。而对于具有膨胀性的黏土，充水后其体积会增大，容水度会大于孔隙度。

3.3.2 含水性

含水性是指岩土含有水的性能，用含水量表示。含水量是指岩土空隙中所含有水分的多少，可采用质量含水量和体积含水量表示。

质量含水量（W_m）是岩土空隙中所含水的质量（m_w）与干燥岩土质量（m_s）的比值，用小数或者百分数表示，公式为

$$W_m = \frac{m_w}{m_s} \quad \text{或} \quad W_m = \frac{m_w}{m_s} \times 100\% \tag{3.5}$$

体积含水量（W_v）是岩土空隙中所含水的体积（V_w）与包括空隙在内的岩土体积（V）的比值，用小数或者百分数表示，公式为

$$W_v = \frac{V_w}{V} \quad \text{或} \quad W_v = \frac{V_w}{V} \times 100\% \tag{3.6}$$

当水的相对密度为1、岩土的干容重为 γ_d 时，体积含水量与质量含水量的关系为

$$W_v = \gamma_d W_m \tag{3.7}$$

岩土空隙充分饱水时的含水量称为饱和含水量（W_s）。在粗颗粒及宽裂隙岩土中，饱和含水量在数值上接近于岩土的空隙度。饱和差是岩土的饱和含水量与实际含水量之差。实际含水量与饱和含水量之比为饱和度，即岩土空隙中水的体积与空隙体积之比，以百分数表示，它反映了岩土中空隙的充水程度。

3.3.3 给水性

给水性是指饱水岩土在重力作用下能自由排出水的性能，其数值用给水度表示。

给水度（μ）定义为饱水岩土在重力作用下能够自由排出水的体积（V'_w）与岩土体积（V）之比，用小数或者百分数表示，公式为

$$\mu = \frac{V'_w}{V} \quad \text{或} \quad \mu = \frac{V'_w}{V} \times 100\% \tag{3.8}$$

也可将给水度定义为地下水水位下降一个单位深度，从地下水水位延伸到地表面的单位水平面积岩土柱体在重力作用下所释放出来的水的体积。

对于均质岩层，给水度的大小与岩性、初始地下水水位埋深以及地下水水位下降速度等因素有关。

岩性对给水度的影响主要表现为空隙的大小和多少。对于颗粒粗大的松散岩土、裂隙比较宽大的坚硬基岩以及具有溶穴的可溶性岩石，在重力释水过程中，滞留于岩土空隙中的结合水与孔角毛细水较少，理想条件下给水度的值接近于孔隙度、裂隙率和岩溶率。而对于空隙细小的黏土或具有闭合裂隙的岩石等，由于重力释水时大部分以结合水或悬挂毛细水形式滞留于空隙中，给水度往往较小。

地下水水位埋深小于最大毛细上升高度时，地下水水位下降后，一部分重力水将转化为支持毛细水保留于地下水面以上，从而也使给水度偏小[5]。

试验表明，当地下水水位下降速率较大时，给水度偏小。可能的原因是重力释水并非瞬间完成，而往往滞后于水位下降；此外，迅速释水时由于大小孔道释水不同步，大的孔道优先释水，小孔道中往往形成悬挂毛细水而不能释出。因此抽水降速过大时给水度偏小，降速很小时给水度较稳定[5]。

3.3.4　持水性

持水性是指饱水岩土在重力作用下排水后，岩土依靠分子力和毛细力仍能保持一定水分的能力，其数值用持水度表示。持水度（S_r）为饱水岩土经重力排水后所能保持的水的体积（V_r）与岩土体积（V）之比，用小数或者百分数表示，公式为

$$S_r = \frac{V_r}{V} \quad 或 \quad S_r = \frac{V_r}{V} \times 100\% \tag{3.9}$$

也可将持水度定义为地下水水位下降一个单位深度，单位水平面积岩土柱体中反抗重力而保持于岩土空隙中的水的体积。

持水度的大小取决于岩土颗粒表面对水分子的吸附能力。在松散沉积物中，颗粒越细小，比表面积越大，空隙直径越小，则持水度越大。

由上述定义可知：对于松散岩土来说，岩土的持水度和给水度之和等于容水度或孔隙度，即

$$W_n = S_r + \mu \quad 或 \quad n = S_r + \mu \tag{3.10}$$

包气带充分重力释水同时未受到蒸散消耗时的含水量为残留含水量（W_0）。残留含水量相当于最大持水度，是岩土充分释水的结果。

3.3.5　透水性

透水性是指岩土允许重力水透过的性能。表征岩土透水性的度量指标是渗透系数（K），其大小取决于岩土空隙的大小和连通性，并和空隙的多少有关。例如，黏土的孔隙度很大，但孔隙直径很小，水在这些微孔中运动时，由于水与孔壁的摩擦阻力而难以通过；同时由于黏土颗粒表面吸附形成一层结合水膜，这种水膜几乎占满了整个孔隙，使水更难通过。因此，孔隙直径越小，透水性越差，当孔隙直径小于两倍结合水厚度时，在正常条件下是不透水的。

3.3.6　储水性

岩土的容水性和给水性适用于分析埋藏不深、厚度不大的无压潜水，当用于埋藏较深的承压水时往往存在明显的误差。主要原因在于岩土在高压条件下释放出的水量，与承压含水介质所具有的弹性释放性能以及来自承压水本身的弹性膨胀性有关。通常埋藏越深，承压性越大，误差也越大。因此，需要引入储水性的概念[26]。

承压含水介质的储水性可用储水系数或释水系数来表示。承压含水介质的储水系数（释水系数）是指当承压水头上升（下降）一个单位时，从单位面积含水介质柱体中储存（释放）的水的体积。其计算公式为[26]

$$\mu_s = \rho g (\alpha + n\beta) \tag{3.11}$$

式中　μ_s——储水系数；

ρ——水的密度；

g——重力加速度；

α——多孔介质的压缩系数；

n——孔隙度；

β——水的体积压缩系数。

储水系数是一个无量纲的参数，大部分承压含水介质的值为 $10^{-5} \sim 10^{-3}$。对于潜水含水层，如果储水系数除以含水层的厚度，则称为储水率，即储水率是含水介质单位厚度的储水系数。

潜水含水层的给水度（亦称为潜水含水层的储水系数）与承压含水层的储水系数（亦称为弹性给水度）虽然在形式上十分相似，但是两者在储存或释出水的机制方面是不同的。潜水位下降时，潜水含水层所释出的水来自部分空隙的排水；而承压水头下降时，承压含水层所释出的水来自水体积的膨胀及含水介质的压密，与承压含水层厚度有关。承压含水层的储水系数一般为 $10^{-5} \sim 10^{-3}$，较潜水含水层的储水系统小 $1 \sim 3$ 个数量级。因此，开采承压水往往造成大面积的承压水头大幅度下降[26]。

思　考　题

1. 简述空隙、孔隙、裂隙、溶隙的基本概念。
2. 简述结合水、重力水和毛细水的基本概念。
3. 简述容水性、给水性、含水性、持水性、透水性的基本概念。
4. 颗粒大小对孔隙度有无影响？为什么？
5. 悬挂毛细水形成的条件是什么？

扫描二维码阅读
本章数字资源

第4章 地下水的赋存

学习目标：掌握包气带与饱水带，含水层、隔水层与（弱）透水层的概念；了解含水岩组的概念和构成含水岩组的基本条件；了解蓄水构造的概念和构成蓄水构造的基本要素；了解地下水的划分依据与划分类型；掌握潜水、承压水与上层滞水的概念、构成要素与表示方法；了解潜水、承压水和上层滞水的一般性特征及其相互转化条件。

重点与难点：包气带与饱水带划分；含水层、隔水层与（弱）透水层的划分要点与划分的相对性；潜水、承压水与上层滞水的概念与图示。

4.1 包气带和饱水带

如图4.1所示，地表以下一定深度，岩土空隙全部或几乎全部被水充满，形成地下水面。地下水面以上至地表面之间与大气相通的含有空气的地带，称为包气带。地下水面以下岩土空隙全部或几乎全部被水充满的地带，称为饱水带[1,3,5,15]。

包气带是饱水带与大气圈、地表水圈联系的必经通道，其水盐运移对饱水带有重要的影响。包气带自上而下可分为土壤水带、中间过渡带和毛细水带（图4.1）。

包气带顶部植物根系发育与微生物活动的带称为土壤水带，其中所含的水称为土壤水。该带土壤含有机质，具有团粒结构，能以毛细水的形式大量保持水分。包气带底部由地下水面支持的毛细水分布带称为毛细水带。毛细水带是由于岩层毛细力的作用在潜水面以上形成的一个与饱水带有直接水力联系的接近饱和的地带，该带的高度与岩性有关。毛细水带的下部也是饱水的，但由于毛细负压的作用，压强小于大气压强，故毛细水带的水不能在重力作用下流动而进入到井中。包气带厚度较大时土壤水带和毛细水带之间还存在着中间过渡带，若中间过渡带由粗细不等的岩性构成，在细颗粒带还可能形成成层的悬挂毛细水，上部还可能滞留重力水。

饱水带的水体分布连续，可传递静水压力，在水头差作用下可连续运动。其中的重力水是开发利用或排泄的主要对象。

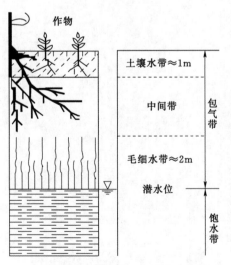

图4.1 包气带和饱水带示意图
（资料来源：肖长来，2010年，有改动）

4.2　含水层、隔水层与弱透水层

岩层空隙是地下水的储存空间，空隙的多少、大小、形状、连通状况和分布规律直接决定了地下水的埋藏、分布和运动特性。不同类型和性质的岩层，其空隙特点各不相同，相应的含水性和透水性也不尽相同。因此，可以根据岩层中水分的储存和运移情况，将岩层划分为含水层、隔水层和弱透水层（图 4.2）。

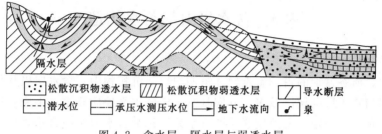

图 4.2　含水层、隔水层与弱透水层

（资料来源：张人权，2011 年）

含水层是指在重力作用下，能够透过并给出相当数量水的岩层，是饱含水的透水层[1-3,5,26]。最为常见的含水层有砂、砾石、砂岩、砂砾岩层等，一些石灰岩、破碎程度较高的火山岩和结晶岩也可构成含水层。

隔水层是指不能透过与给出水或透过与给出水的量微不足道的岩层[5]，以含有结合水为主。最为常见的隔水层有黏土、页岩等，一些质地致密的岩浆岩和变质岩也可构成隔水层。

含水层和隔水层的划分是相对的，两者之间没有严格的界定标准，在一定条件下可以互相转化，岩性、渗透性完全相同的岩层，很可能在有些地方被当做含水层，而在另一些地方被当做隔水层。即使在同一地方，在涉及某些问题时被当做透水层，涉及另一些问题时被看做或划分为隔水层。如何划分含水层和隔水层，要视具体条件而定。例如，利用地下水供水时某一岩层能够给出的水量较小，对于水量丰沛、需水量很大的地区，由于远不能满足供水需要，而被视为隔水层。但在水资源匮乏、需水量又小的地区，便能在一定程度上，甚至完全满足实际需要，而被看做含水层。再如，某种岩层渗透性比较小，从供水的角度，可能被看做隔水层，而从水库渗漏的角度，由于水库周界长，渗漏时间长，渗漏量不能忽视，而被看做含水层。

严格地讲，地壳中没有绝对不含水的岩层，但不能说所有的岩层都是含水层，构成含水层应满足三个基本条件，即：有储运地下水的空隙空间；有储存地下水的地质地貌条件；有一定数量的补给水量。

弱透水层是指渗透性相当差的岩层。在一般的供、排水条件下所能提供的水量微不足道，可以看成隔水层；但在较大的水头差作用下，能够传输一定水量。黏土、重亚黏土等是典型的弱透水层。严格地说，自然界没有绝对不发生渗透的岩层，只不过渗透性特别低而已，从这个角度上说，岩层是否透水还取决于时间尺度。

含水层中地下水的丰富程度取决于含水层的厚度、透水性和补给条件，可用含水层的富水性来表示。1980 年出版的《中华人民共和国水文地质图》定义对于由松散沉积物组成的平原区含水层，采用 8 寸（1 寸＝0.03m）口径钻孔的单位涌水量大小来划分富水性的强弱，单位涌水量［t/（h·m）］大于 30 为极强富水，10～30 为强富水，5～10 为中等富水，1～5 为弱富水，小于 1 为极弱富水。对于由坚硬岩石组成的山区含水层，采用平水年泉水量大小来划分富水性的强弱级别，泉水量（t/h）大于 30 为强富水，5～30 为中等富水，小于 5 为弱富水[26]。

4.3 含水岩组与蓄水构造

4.3.1 含水岩组

广大平原、河谷盆地的古、新近纪和第四纪松散沉积物中，含水层极其复杂，岩性多变，且含水层与隔水层的层次较多，其间具有一定的水文地质联系。平原、河谷盆地松散沉积物中，这种具有一定水文地质联系的含水系统称为含水岩组或含水岩系。构成含水岩组应满足三个基本条件：①含水岩组内部各含水层之间具有明显的水力联系，含水层内部存在一个统一的水压力系统；②含水岩组内部的地下水具有相同的水化学特征，即同一含水岩组的地下水通常是同一水文地球化学环境作用的产物；③同一含水岩组中的各个含水层间，在地质上常具有一定的成因联系，往往同属于同一地质年代，并常同属于同一地质单位。

含水岩组之间存在的区域性隔水层是相对的，含水岩组之间存在着三种不同形式的相互联系：①含水岩组间存在着厚度十至数十米的弱含水层或隔水层，作为一个区域性地层出现，常代表某一区域沉积旋回的一个阶段；②局部沉积断层或埋藏古剥蚀面往往使两个含水岩组在一定空间发生水力联系；③表现为岩层不发生断裂位移而是塑性形变的新构造运动，使含水岩组间发生广泛的水力联系。

4.3.2 蓄水构造

蓄水构造是透水岩层相互结合而构成的能够富集和储存地下水的地质构造，对地下水的赋存和运移具有明显的控制作用。构成蓄水构造需要三个基本要素：①透水岩层或岩体是构成蓄水构造的含水介质；②相对隔水层或掩体是构成蓄水构造的隔水边界；③具有地下水的补给和排泄条件。因此，蓄水构造是既有含水层又有确定的隔水边界、能够富集地下水、把含水层和隔水层以及补给和排泄条件连为一体的半封闭的整个地质构造形体。

蓄水构造的类型多种多样，有单式蓄水构造、复式蓄水构造和联合蓄水构造。其中单式蓄水构造又包括水平岩层蓄水构造、单斜岩层蓄水构造（包括承压斜地）、褶皱型蓄水构造（包括向斜蓄水构造和背斜蓄水构造）、断裂型蓄水构造、接触型蓄水构造、风化壳蓄水构造等具体类型，它们在寻找地下水源、指导水文地质勘探、建立地下水研究定量模型、发展基岩水文地质科学等方面具有重要意义。

地下水的水文体系可以按照地下水的储存和循环特性，划分为一系列独立或半独立的单元，这些单元称为水文地质单元。水文地质单元是评价地下水资源、建立水文地质计算模型的重要基本单位。一个完整、独立的水文地质单元，由作为地下水储存、运移场所的含水层，作为地下水储存、运移约束条件的相对隔水层，以及作为地下水循环通道的补给区和排泄区所组成。

4.4 地 下 水 的 分 类

地下水的分类方法有很多种，例如，按照成因可将地下水分为入渗水、凝结水、埋藏水、初生水和再生水；按照力学性质地下水可分为结合水、毛细水和重力水；按照储存空间的性质可分为孔隙水、裂隙水和岩溶水（喀斯特水），其实这也间接考虑了含水介质类型。应用最为广泛的是按照地下水的储存和埋藏条件进行的分类。所谓的埋藏条件是指含水岩层在地质剖面中所处的部位及受隔水层（弱透水层）限制的情况。这种分类首先按照储存和埋藏部位，将地下水分为包气带水和饱水带水，然后按力学性质再进行次一级分类。次一级分类中，包气带水被分为结合水、毛细水和重力水，其中结合水又分为吸着水和薄膜水，毛细水又分为悬挂毛细水水和支持毛细水，重力水又分为上层滞水和渗透重力水；饱水带水分为潜水和承压水，其中承压水又分为自流水和半自流水（图 4.3）。

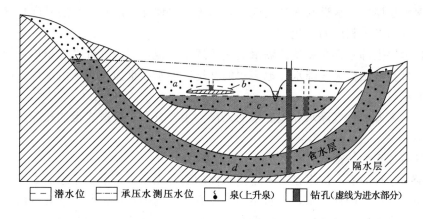

图 4.3　包气带水与饱水带水
（资料来源：张人权，2011 年）
a—包气带水；*b*—上层滞水；*c*—潜水；*d*—承压水

4.4.1 包气带水

在包气带中，空隙壁面吸附有结合水，细小空隙中含有毛细水、未被液体水占据的空隙中包含空气及气态水。包气带水就是以各种形式存在于包气带中的水。包气带水的赋存和运移受毛细力和重力的共同影响，确切地说是受土壤水势的影响。包气带含水量及其水盐运移受气象因素的影响非常显著。

包气带水易受外部环境的影响，尤其是大气降水、气温等因素的影响。多雨季节，雨水大量渗入，包气带含水率显著增加；雨后，浅层包气带水以蒸散的形式向大气圈排泄，而一定深度以下，包气带水则继续下渗补给饱水带。干旱季节，蒸散强烈，包气带含水量迅速减少。因此，包气带含水量呈现强烈的季节变化。

包气带水在空间上的变化主要体现在垂直剖面上的差异。通常越靠近表层含水量的变化越大，越向下层，含水量变化越趋于稳定而有规律。此外，包气带含水量变化还与岩层的本身结构以及岩土颗粒的机械组成有关，颗粒组成的不同造成岩土的孔隙大小和孔隙度发生差异，从而导致含水量的不同。

当包气带存在局部隔水层时，其上会积聚具有自由水面的重力水，即上层滞水。上层滞水分布接近地表，接受大气降水的补给，通过蒸散或向隔水底板的边缘下渗排泄。雨季获得补充，积存一定水量，旱季水量逐渐耗失。当分布范围小且补给不很经常时，不能终年保持有水。由于其水量小，动态变化显著，只有在缺水地区才能成为小型供水水源或暂时性供水水源。包气带中的上层滞水，对其下部潜水的补给与蒸散排泄起到一定的滞后调节作用。此外，上层滞水极易受污染，利用其作为饮用水源时要格外注意卫生防护。

4.4.2　潜水

4.4.2.1　潜水的概念与特征

潜水是指饱水带中第一个区域性稳定隔水层以上具有自由水面的地下水[1,2,5,26]。潜水没有隔水顶板或只有局部隔水顶板。潜水的表面为自由表面，称作潜水面；含水层底部的隔水层称为隔水底板，潜水面上任意一点的高程称为潜水位；从潜水面到隔水底板的距离称为潜水含水层厚度；从潜水面到地面的距离为潜水埋深。潜水含水层厚度与潜水埋深随潜水面的升降而发生相应的变化。

潜水含水层上部不存在完整的隔水层或弱透水顶板，与包气带直接相连，因此潜水可以通过包气带直接接受大气降水、地表水的补给。潜水在重力作用下由水位高的地方向水位低的地方流动。

潜水主要来源于大气降水和地表水的入渗，主要分布于松散岩土的孔隙及坚硬基岩的裂隙和溶洞之中。

潜水具有如下的特征：

（1）从力学性质看，潜水是具有自由水面的稳定无压水。潜水是地面之下饱水带中第一个稳定隔水层以上的地下水，含水层之上没有稳定的隔水层，所以它有自由水面，在重力作用下可以自潜水面高处向低处缓慢流动，形成地下径流，一般为无压水流。

（2）从埋藏条件看，潜水埋深较小，潜水埋深和潜水含水层厚度的时空变化较大，受到地质构造、地貌和气候条件的影响。潜水的埋深不大，易于开采，但极易受地表污染源的污染，应注意加强防护。同时，潜水埋深和含水层厚度各处不一，变化较大，降低了作为水源的稳定性。

（3）从分布、补给与排泄条件看，潜水的分布区与补给区一致。潜水面之上没有稳定的隔水层，潜水通过包气带和地面直接相通，分布区和补给区几乎完全一致，可以在其分布范围内直接接受大气降水和地表水体的入渗补给，在农灌区还可以接受灌溉水的入渗补给。

（4）从动态变化看，潜水的季节变化较大。受降水、气温、蒸散等气候因素的影响，潜水位、水量、含水层厚度以及水质具有明显的季节变化，与气候条件年内变化的周期性规律完全吻合。多雨季节或多水年份，降水补给量增多，潜水面上升，含水层厚度增大，埋深变小，水质也会相应改善；少雨季节或少水年份则相反，降水补给量减少，潜水面下降，含水层厚度减小，埋深加大，水质也将随之变差。

（5）从与其他水体的水力联系看，潜水与大气降水和地表水有着密切的相互补给关系。大气降水是潜水的主要补给源，随着降雨的发生和结束，潜水量会发生剧烈变化。地表水则与潜水互为补给。一般而言，在汛期，河流等地表水体为地下水的补给源；在枯水季节，地下水补给河流等地表水体，构成河流等地表水体的基流。

4.4.2.2 潜水面的形态

1. 潜水面的形状

一般情况下，潜水面是一个由补给区向排泄区倾斜的不规则曲面，起伏状态与地形大体基本一致，但变化相对地形较为缓和。潜水自高处流向低处，潜水位随之不断下降，形成具有一定曲率的倾斜曲面，在工程上称之为"浸润面"，其高端在分水岭，低端在河湖等低洼地带。在某些情况下，如在潜水湖处，潜水面可以是一个水平面。

潜水面的起伏程度和变化主要受地质、地貌和人类活动的影响，其形状是自身状态和环境因素综合作用的结果。它不仅反映地质、地貌、气候等环境条件的影响，而且也反映潜水的流向、水力梯度、流速、埋藏条件等自身要素特征。山区地形起伏剧烈，潜水面的坡度及其变化较大；平原地区地形平坦，潜水面的坡度及其变化较小。在河网对地面的切割程度相同的情况下，河间地带含水层透水性越好，潜水埋深越大，潜水面就越平缓。含水层岩性和厚度的变化对潜水面的形状也有显著影响。如果沿着潜水流动方向含水层因岩性变粗而透水性增大，或因厚度增大而过水断面面积增大，潜水面的坡度将会趋于平缓（图4.4）。人工抽取地下水和地下水人工回灌，都将会改变局部地区潜水面的坡度。

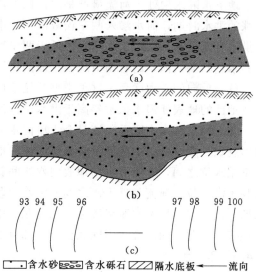

图 4.4　潜水面形状与含水层透水性和厚度的关系
(a) 含水层透水性对潜水面形状的影响；(b) 含水层厚度对潜水面形状的影响；(c) 等水位线

2. 潜水面的表示方法

潜水面一般有两种表示方法，即地质剖面图和潜水等水位线图，其中后者在实际工作应用广泛。

潜水等水位线是指潜水面上水位相等点的连线。绘有潜水等水位线的地形图称为潜水等水位线图。垂直于潜水等水位线由高水位指向低水位的方向即为潜水的流向。相邻两条等水位线的水位差除以其水平距离即为潜水面坡度，潜水面坡度不大时可视其为潜水水力梯度，常为千分之几至百分之几。利用潜水等位线图，可以确定潜水流向，计算潜水面坡度，合理布设排灌水渠、提水井等水工建筑物。若配合同一地区的地形图，则可以计算潜水埋深和含水层厚度，判断泉、沼泽等地下水露头的出露地点，确定潜水与地表水体的水力关系。

4.4.2.3 潜水与地表水的关系

潜水与地表水之间存在密切的相互补给与排泄关系，亦即水力联系。在靠近江河、湖库等地表水体的地带，潜水常以潜水流的形式向这些水体汇集，成为地表径流的重要补给水源。特别在枯水季节，降水稀少，许多河流依靠潜水补给。但在洪水期，江河水位高于潜水位时，潜水流的水力梯度形成倒比降，河水向两岸松散沉积物中渗透，补给潜水。汛期一过，江河水位低落，储存在河床两岸的地下水又重新回归河流。上述现象称为地表径流的河岸调节，此种调节过程往往经历整个汛期，并具有周期性规律。通常距离河流越近，潜水位的变幅越大，河岸调节作用越明显。在平原地区，这种调节作用影响范围可向两岸延伸 1～2km。

潜水与地表水之间的水力联系一般有三种类型：

(1) 周期性水力联系。这种类型多见于大中型河流的中下游冲积、淤泥平原。如果平原上地下水隔水层处于河流最低枯水位以下，即河槽底部位于潜水含水层中，在江河水位高涨的洪水时期，河水渗入两岸松散沉积物中，补给潜水，部分洪水储存于河岸，使得河槽洪水有所消减；枯水期江河水位低于两岸潜水位，潜水补给河流，于是将原先储存于河岸的水量归流入河，起着调节地表径流的作用。

(2) 单向的水力联系。这种类型常见于山前冲积扇地区、河网灌区以及干旱沙漠区。这些地区的地表江河水位常年高于潜水位，河水常年渗漏，不断补给地下潜水。

(3) 间歇性水力联系。这是介于单向水力联系和无水力联系之间的一种过渡类型。通常出现在丘陵和低山山区潜水含水层较厚的地区。在这些地区，如果隔水层的位置介于河流洪枯水位之间，地下潜水与地表河水之间就可能存在间歇性水力联系。当洪水期时河水位高于潜水位，河流与地下水之间发生水力联系，河流成为潜水的间歇性补给源；而在枯水期，地表水与地下水脱离接触，水力联系中断，此时潜水仅在出露点以悬挂泉的形式出露地表。因此，间歇性水力联系仅存在部分的河岸调节作用。

4.4.3　承压水

4.4.3.1　承压水的概念与特征

充满于两个稳定隔水层之间的含水层中，具有承压水头的地下水称为承压水（图4.3、图 4.5）。承压含水层上部的隔水层称为隔水顶板，下部的隔水层称为隔水底板，隔水顶板底面与隔水底板顶面之间的垂直距离称为承压含水层的厚度。当钻孔揭穿含水层的隔水顶板时，即可在钻孔揭穿顶板底面处见到水面，该水面的高程称为初见水位。受到静水压力的作用，钻孔中的初见水位会不断上升，直至升到水柱重力与静水压力相平衡时，水位才会趋于稳定，此时的静止水位称为承压水位（或测压水位）。某点的承压水位与初见水位（亦即隔水顶板底面高程）之间的高差称为该点的压力水头或承压高度。承压水位高于地面高程时称为正水头，低于地面高程时称为负水头。具有正水头的承压水可自缢流出地表，称为自流水或全自流水；具有负水头的承压水只能上升到地面以下某一高度，称为半自流水。有时承压含水层因未被水完全充满，含水层中的水不具有压力水头而存在自由水面，这种地下水称为无压层间水，是潜水和承压水的过渡形式[26]。

承压水具有以下特征[26]：

(1) 从力学性质看，承压水具有压力水头。这是承压水的最基本特征。承压水充满于两个隔水层之间，承受静水压力，若隔水顶板被揭穿，承压水是可以自动流出地表或上升至近地表处，天然露头处常形成泉。

（2）从埋藏条件看，承压水一般埋藏于地下较深部位，上部有稳定的隔水层存在，不与地表发生直接的联系，受当地气候和地表水变化的影响较小，水量和水质较为稳定，不易被地面污染源污染，但一旦被污染不易消除。

（3）从分布、补给与排泄条件看，承压水的分布区、补给区与排泄区不一致。承压含水层上部存在稳定的隔水顶板，使其不能直接从上部接受大气降水和地表水的补给，主要是通过含水层出露地表的"天窗"部位获得潜水的补给，并通过范围有限的排泄区排泄，因而其分布区、补给区和排泄区是分离的。补给区一般位于分布区水位较高的一侧，排泄区一般位于分布区水位较低的一侧。

（4）从动态变化看，承压水的季节变化较小，较为稳定，是良好的供水水源。但是由于受到上部隔水层的隔离，与大气和地表水的联系较差，水文循环较为缓慢。当埋深很大时，承压水的补给量很小，不宜作为主要的供水水源。

（5）从水质的变化看，承压水的水质具有垂直分带现象。通常自上而下依次为低TDS的重碳酸盐型水、中 TDS 的硫酸盐型水、高 TDS 的氯化物型水，水质逐渐变差。承压水的水质主要取决于埋藏条件及其与外界联系的程度。与外界联系越密切，参加水文循环越积极，承压水水质就越接近于入渗的大气降水和地表水；与外界联系越差，水文循环越缓慢，水中含盐量就越高。埋深很大的承压水由于受隔水层的限制，与外界几乎不发生联系，经过漫长的溶滤和浓缩作用，可以形成含盐量很高的卤水。

4.4.3.2 承压水形成的地质构造条件

承压水的形成主要取决于适宜的地质构造的条件。适宜形成承压水的地质构造有向斜构造和单斜构造。水文地质学中将适宜形成承压水的向斜盆地构造称为承压盆地（或构造盆地、自流盆地），将适宜形成承压水的单斜构造称为承压斜地（或自流斜地、单斜蓄水构造）。

1. 承压盆地

承压盆地可以是大型复式构造，也可以是小型单一向斜构造。承压盆地可分为补给区、承压区和排泄区三部分（图 4.5）。补给区一般在盆地边缘地形较高的部位，接受大气降水和地表水的补给。此处的地下水不具有承压性，为具有自由水面的潜水，水分循环交替强烈。承压区一般位于盆地的中部，为承压水的分布区，分布范围最大，水循环交替较弱。排泄区位于盆地边缘的地形低洼低段，在被河流切割的地方，地下水常以上升泉的形式出露地表。

2. 承压斜地

承压斜地主要由单斜岩组组成，其特征是含水层自身的倾没端没有阻水条件，常靠其他地质条件起阻水作用。形成承压斜地阻水的成因主要有三种：

（1）含水层和隔水层相间分布，并向同一方向倾斜，而使充满于两个隔水层之间的含水层中的地下水承压。这种现象常见于山前承压斜地 ［图 4.6 (a)］。

（2）含水层上部出露地表，下部发生尖灭，岩性变为透水性较差的种类，从而使含水层中的地下水承压 ［图 4.6 (b)］。

（3）含水层倾没端被断层或岩体封闭，使含水层中的地下水承压 ［图 4.6 (c)］。承压斜地亦可划分为补给区、承压区和排泄区三部分，但其位置视情况而定，补给区、排泄区和承压区可分列于承压斜地的两侧和中部，或补给区和排泄区同居一侧而承压区居于一侧。

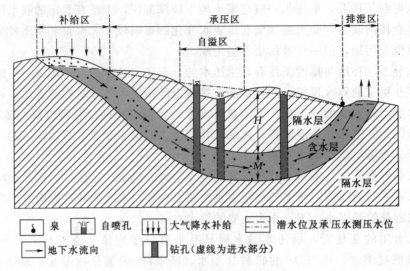

图 4.5　承压盆地示意图

（资料来源：张人权，2011 年）

H—承压高度；M—含水层厚度

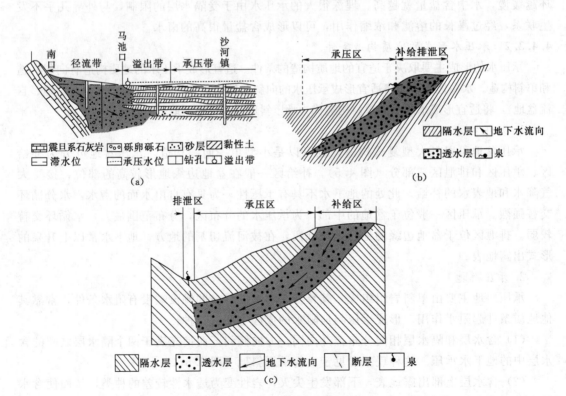

图 4.6　承压斜地示意图

（a）南口山前承压斜地；（b）含水层下部尖灭而形成的承压斜地；

（c）含水层倾没端被断层封闭而形成的承压斜地

（资料来源：管华，2010 年）

4.4.3.3 承压水等水压线

承压水等水压线是指某承压含水层中承压水位相等的点的连线。将承压水等水压线绘于同一幅图上，即可得到承压水等水压线图，亦称等承压水位线图。承压水面是虚拟水面，实际中是看不到的，常与地形不相吻合。因此，承压水等水压线图通常应附以含水层顶板等高线。

承压水等水压线图有许多用途，利用它可以确定承压水的流向、埋深、承压水头和水力梯度，并可服务于承压水开采条件评价、井孔布设等实际工作中。但是，仅根据承压水等水压线图，无法判断承压含水层和其他水体的补给关系。因为任一承压含水层接受其他水体的补给必须同时具备两个条件：①其他水体的水位必须高于此承压含水层的测压水位；②其他水体与该含水层之间必须有水力联系通道。而利用承压水等水压线图是无法确定这两个条件。

4.4.4 潜水与承压水的相互转化

在自然与人为条件下，潜水与承压水经常处于相互转化中。除构造封闭条件下与外界没有水力联系的承压含水层外，所有承压水基本上都是由潜水转化而来，或由补给区的潜水侧向流入，或通过弱透水层接受潜水的补给。

孔隙含水系统中不存在严格意义的隔水层，只有作为弱透水层的黏性土层，其中的承压水与潜水的转化较为频繁。山前倾斜平原山前区缺乏连续、厚度较大的黏性土层，地下水基本上均具潜水性质。进入中部平原区后，作为弱透水层的黏性土层与砂层交互分布。浅部发育的潜水赋存于砂层与黏性土层中，深部分布着由山前区潜水补给形式的承压水。由于承压水水头高，在此通过弱透水层越流补给其上部的潜水。因此，在这类山前倾斜平原孔隙含水系统中，天然条件下存在着山前区潜水转化为中部平原区承压水，最后又转化为中部平原区潜水的过程。

天然条件下，中部平原区潜水同时接受来自上部的降水入渗补给和来自下部的承压水越流补给。随着深度的加大，降水补给的份额减少，承压水补给的比例加大。同时，黏性土层向下也逐渐增多。因此，含水层的承压性是自上而下逐渐增强的。换言之，中部平原区潜水与承压水的转化是自上而下逐渐发生，两者的界限不是截然分明。开采条件下，深部承压水的水位可以低于潜水，这时潜水便反过来成为承压水的补给源。

基岩组成的自流斜地中，由于断层不导水，天然条件下潜水及与其相邻的承压水均通过共同的排泄区以泉的形式排泄。含水层深部的承压水基本上是停滞的。如果在含水层的承压部分打井取水，井孔周围承压水位下降，潜水便全部转化为承压水而通过井孔排泄。

由此可见，作为地下水典型的划分，潜水和承压水的界限十分明确，但是自然界中的情况十分复杂，远非简单的分类所能包括，实际情况下往往存在着各种过渡与转化状态，切忌用绝对的、固定不变的观点去分析水文地质问题。

思　考　题

1. 何谓含水层？构成含水层必须具备哪些条件？
2. 为什么弱透水层不能给出水，却能发生越流？
3. 潜水和承压水各具有哪些特征？
4. 简述地下水分类的依据。

扫描二维码阅读

本章数字资源

第5章 地下水运动的基本规律

学习目标：掌握渗流的基本概念；理解渗流的驱动力；掌握达西定律及其表示方法，并理解渗透流速与实际流速、假想过水断面与实际过水断面、水力梯度、渗透系数与渗透率的概念及物理含义；掌握均质各向同性介质中定性流网的绘制方法，学会流网在水文地质问题分析中的应用；理解渗流的连续性方程；了解饱水黏土中水的运动规律。

重点与难点：达西定律及其表示方法和各项参数的物理含义；均质各向同性介质中定性流网的绘制方法；流网在水文地质问题分析中的应用。

5.1 渗流的基本概念

根据岩土空隙中水的饱和程度，地下水运动有非饱和水运动与饱和水运动之分。其中，前者包括结合水运动和毛细水运动；后者为重力水运动，其为水文地质学研究的主要内容。重力水在岩土空隙中的运动称为地下水渗流（简称渗流），发生渗流的区域称为渗流场。

地下水渗流有多种类型。根据地下水运动过程中渗流要素（如水位、流速、流向、水力梯度等）随时间变化的情况，可将地下水渗流分为稳定流和非稳定流。地下水渗流过程中，各渗流要素不随时间的变化而发生变化的渗流称为稳定流；渗流要素随时间的变化而发生变化的渗流称为非稳定流。严格地讲，自然界中的渗流都属于非稳定流。但是，为了便于分析与计算，也可将某些渗流要素变化微小的渗流，近似看作稳定流。

根据研究过程中，考虑地下水渗流方向的多少，可将地下水渗流划分为一维流（线状流）、二维流（平面流）和三维流（立体流）。渗流场中任意点的流速变化只与空间坐标的一个方向有关的渗流，称为一维流，与空间坐标的两个或三个方向有关的渗流分别称为二维流或三维流。

地下水渗流过程中，水质点做有秩序的、互不混杂的、平行运动的渗流称为层流［图5.1（a）］；水质点做无秩序、互相混杂的、紊乱运动的渗流称为紊流或湍流［图5.1（b）］。地下水在狭小的岩土空隙（如松散岩土中孔隙、狭小的裂隙）中渗流时，受介质的吸引力较大，水质点排列较有秩序，流速比较缓慢，呈层流运动；在宽大的岩土空隙（如大的溶穴、宽大的裂隙）中渗流时，水质点的流速较大时，容易呈紊流运动。常用判断地下水渗流流态的方法是根据雷诺数 Re 值来判断，即

$$Re = \frac{vd}{\lambda} \tag{5.1}$$

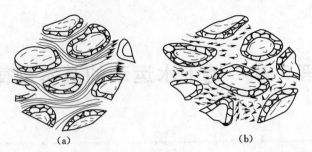

图 5.1　地下水渗流流态示意图

（资料来源：陈南祥，2008 年）

(a) 层流运动；(b) 紊流运动

式中　v——地下水的渗流速度，称为渗透流速；

　　　d——岩土颗粒的平均粒径；

　　　λ——液体的黏滞性系数。

当求得的雷诺数 Re 小于临界雷诺数时，地下水渗流处于层流状态；当求得的雷诺数 Re 大于临界雷诺数数，则为紊流状态。关于地下水渗流的临界雷诺数值，不同的学者有不同的研究结果，一般可取 $150\sim300$。

天然状态下地下水渗流的雷诺数，远小于临界雷诺数，因此，天然地下水多处于层流状态。

5.2　渗流的驱动力

地下水在岩土空隙中渗流，其驱动力是什么呢？自然界物质和能量传输，都有趋于平衡的倾向。物质能量状态差异是一切物质运动的基础，物质运动的自发趋势是由能量高的状态转向能量低的状态，使系统趋于平衡。地下水也是如此，总是从能量较高处流向能量较低处。能态差异是地下水运动的驱动力。

地下水的机械能包括动能和势能：

$$
机械能
\begin{cases}
势能
\begin{cases}
重力势能（位能）：mgz \\[2mm]
压力势能（压能）：mg\dfrac{p}{\rho g}
\end{cases} \\[4mm]
动能：\dfrac{1}{2}mu^2
\end{cases}
$$

为了方便研究，考虑单位重量的地下水所具有的机械能，则可以用水力学中的水头 H 来研究地下水的机械能：

$$
总水头\ H
\begin{cases}
测压水头
\begin{cases}
位置水头：z \\[2mm]
压力水头：\dfrac{p}{\rho g}
\end{cases} \\[4mm]
流速水头：\dfrac{u^2}{2g}
\end{cases}
$$

则有

$$H = z + \frac{p}{\rho g} + \frac{u^2}{2g} \tag{5.2}$$

位置水头、压力水头和流速水头三者可以相互转化。水总是从总水头高的地方流向总水头低的地方。

一般情况下，渗透流速很小，地下水具有的动能相对于势能可忽略不计。所以，地下水的能量状态可用它的总势能（测压水头）表示：

$$H \approx z + \frac{p}{\rho g} \tag{5.3}$$

其中位置水头与压力水头可以相互转换。故一般可根据测压水头的大小判断地下水的流动方向。

5.3 渗流的基本定律

5.3.1 线性渗透定律

1. 线性渗透定律——达西定律

线性渗透定律是关于地下水在多孔介质中渗流运动的基本定律，由法国水利学家达西（H. Darcy）于1856年通过大量的水通过均匀砂柱的渗流实验得到，因此又称为达西定律。

达西渗流实验装置由装满均匀砂的圆筒、测压管及水位控制设备等组成，如图5.2所示。水由砂柱上端流入，经砂柱渗流至下端后流出。上下端用溢流装置控制水位，使实验过程中的水头不变，保持稳定流条件。砂柱两端各设一根测压管，分别测定上下两个过水断面处的水头。在砂柱下端出口处测定流量。

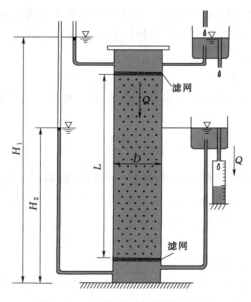

图 5.2　达西渗流实验装置示意图

（资料来源：Bear，1979年；张人权，2011年）

达西根据实验结果，得到下列关系式，即达西公式：

$$Q = KA \frac{H_1 - H_2}{L} = KAI \tag{5.4}$$

式中　Q——渗透流量（出口处流量，即通过砂柱各断面的体积流量）；

A——过水断面面积，即砂柱的横断面面积，包括砂颗粒和孔（空）隙面积，如图 5.3（a）所示；

H_1、H_2——上、下游过水断面处的水头；

L——渗透路径长度（上、下游过水断面间的距离）；

I——水力梯度；

K——渗透系数。

式（5.4）两端同除以 A，得

$$v = KI \tag{5.5}$$

式（5.5）是达西定律的另一表达方式。从式（5.5）可以看出渗透流速 v 与水力梯度 I 呈线性关系，故达西定律又称为线性渗透定律。

在达西渗流实验中，假设多孔介质是均匀、各向同性的，水在圆筒中做一维稳定渗流运动。也可以将其推广到二维和更为一般的三维情况。在渗流场中建立直角坐标系，假设以 v_x、v_y、v_z 分别表示沿三个坐标轴方向的渗透流速分量，则有

$$v_x = KI_x = K\left(-\frac{\partial H}{\partial x}\right); \quad v_y = KI_y = K\left(-\frac{\partial H}{\partial y}\right); \quad v_z = KI_z = K\left(-\frac{\partial H}{\partial z}\right) \tag{5.6}$$

$$v = v_x \vec{i} + v_y \vec{j} + v_z \vec{k} \tag{5.7}$$

式中　$\vec{i}$、$\vec{j}$、$\vec{k}$——三个坐标轴上的单位矢量，它给出了渗流场和水头场之间的关系。

达西由实验总结出的达西定律是对地下水渗流规律性的认识，其合理性在理论上也得到了以能量守恒定律为基础的推导实证。达西定律是地下水渗流理论的重要基础，是水文地质定量计算和各种水文地质过程定性分析的重要依据。达西定律的出现是地下水动力学作为一门学科诞生的标志。

2. 渗透流速与实际流速

渗透流速 v 是指单位时间内地下水渗流的距离，数值上等于渗透流量 Q 与过水断面面积 A 的比值，即

$$v = \frac{Q}{A} \tag{5.8}$$

过水断面面积 A 系指砂柱的横断面面积，包括砂颗粒所占据的面积及孔（空）隙所占据的面积 [图 5.3（a）]；而水流实际过水断面面积是扣除结合水所占范围以外的孔（空）隙过水断面面积 A_n [图 5.3（b）]，即

$$A_n = An_e \tag{5.9}$$

式中　n_e——有效孔（空）隙度。

有效孔隙度 n_e 为重力水流动的孔隙体积（不包括不连通的死孔隙和不流动的结合水所占据的空间）与岩土体积（包括孔隙体积）之比。显然，有效孔隙度 n_e 小于孔隙度 n。由于重力释水时孔隙中所保持的除结合水外，还有孔角毛细水乃至悬挂毛细水，因此，有

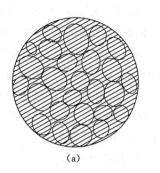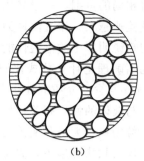

(a)　　　　　　　　　　　(b)

图 5.3　假想过水断面与实际过水断面

（资料来源：Bear，1979 年；张人权，2011 年）

（a）假想过水断面（斜阴影线）；（b）实际过水断面（直阴影线部分；图中颗粒边缘涂黑部分为夸大表示的结合水）

效孔隙度 n_e 大于给水度 μ。黏性土由于孔隙细小，结合水所占比例大，所以有效孔隙度很小。对于空隙大的岩层（例如，溶穴发育的可溶性岩、有宽大裂隙的裂隙岩层等），$n_e \approx \mu \approx n$。

设通过孔（空）隙过水断面的实际平均流速为 u，它是地下水质点流速在孔（空）隙过水断面上的平均值。渗透流速 v 是假想的渗流速度，相当于渗流在包括骨架与孔（空）隙在内的断面面积 A 上的平均流速，也称为达西流速或比流量，它不是真实的水流速度。

根据流量相等原理有

$$vA = uA_e = Q \tag{5.10}$$

所以，渗透流速 v 与实际流速 u 的关系为

$$v = u\frac{A_n}{A} = un_e \tag{5.11}$$

由此可见，渗透流速 v 总是小于实际流速 u。

3. 水力梯度

渗流场中水头相等各点连成的面称为等水头面，等水头面与某一平面的交线，称为等水头线。沿等水头面的法线方向指向水头降低方向的水头变化率称为水力梯度，量纲为 1，记为 I，即

$$I = -\frac{\mathrm{d}H}{\mathrm{d}n} \tag{5.12}$$

式中　n——等水面的外法线方向，即水头降低的方向。

在各向同性介质中，水力梯度 I 为沿水流方向单位长度渗透路径上的水头损失。水在空隙中运动时，必须克服水与隙壁以及流动快慢不同水质点之间的摩擦阻力（这种摩擦阻力随地下水流速增加而增大）消耗机械能，造成水头损失。水力梯度可以理解为水流通过单位长度渗透路径上，为克服摩擦阻力所损失的机械能。因此，求算水力梯度 I 时，水头差必须与渗透路径相对应。

4. 渗透系数与渗透率

渗透系数又称为水力传导系数，是表征含水介质透水能力的重要水文地质参数。因水力梯度量纲为 1，由达西定律可知，渗透系数 K 在数值上等于水力梯度为 1 时的渗透流

速，与渗透流速有着相同的量纲，一般采用 m/d 或 cm/s 为单位。当水力梯度为定值时，渗透系数越大，渗透流速越大；渗透流速为定值时，渗透系数越大，水力梯度越小。由此可见，渗透系数可定量说明岩土的渗透性能。渗透系数越大，岩土的渗透能力越强。

建立渗透系数的精确理论计算公式比较困难，通常通过试验方法或经验估算法来确定。渗透系数 K 的大小与含水介质的性质有关，如粒径大小、粒级组成、颗粒排列方式、胶结密实程度等；还与液体的性质有关，如液体的黏滞性、温度、压力等。在这些众多的影响因素中，岩土颗粒的粒径大小和液体的黏滞性对渗透系数的影响最为显著。岩土颗粒的粒径越大、渗流液体的黏滞性越小，岩土的渗透系数 K 就越大。渗透系数与液体黏滞性的关系为

$$K = k \frac{\rho g}{\lambda} \tag{5.13}$$

式中　ρ——液体密度；

g——重力加速度；

λ——液体的黏滞性系数；

k——渗透率。

渗透率 k 表征岩土对不同液体固有的渗透性能，其仅仅取决于岩土的空隙性质，与渗流液体的性质无关。

从式（5.13）可知，渗透系数与液体的黏滞性系数成反比，而后者随温度的增高而减小，因此渗透系数随温度的增高而增大，在地下水温度变化较大时，需要做相应的换算；在地下水溶解性总固体（TDS）显著增高时，水的相对密度和黏滞性系数均增大，在研究石油、卤水及地下热水的运动时，采用与液体性质无关的渗透率则更为方便。

不同类型岩土的渗透系数差异很大，主要是由它们的粒径不同造成的（表 5.1）。

表 5.1　　　　　　　　　　　常见松散岩土渗透系数参考值

岩土类型	渗透系数/(m/d)	岩土类型	渗透系数/(m/d)
黏　土	<0.001	中　砂	5~20
亚黏土	0.001~0.10	粗　砂	20~50
亚砂土	0.10~0.50	砾　石	50~150
粉　砂	0.50~1.0	乱　石	100~500
细　砂	1.0~5.0		

资料来源：管华，2010 年。

5. 达西定律的适用范围

达西定律提出之后，长期被认为适用于层流流态的任何地下水的渗流运动，曾被称为层流渗透定律，它从数量上揭示了渗流与介质渗透性及水力梯度之间的关系——渗透流量与过水断面面积及上、下游过水断面的水头差成正比，与渗流路径长度成反比；或渗透流速与水力梯度成正比，其线性比例系数 K 即为渗透系数。达西定律体现了地下水渗流运动服从质量守恒及能量守恒定律。

20 世纪 40 年代以后，大量试验证明，随着渗透流速的增大，渗透流速与水力梯度之

间的线性关系不再存在，如图 5.4 所示，也就是说达西定律有一定的适用范围。图 5.4 曲线表明，只有当雷诺数 $Re<1\sim10$ 时，地下水渗流运动才符合达西定律。

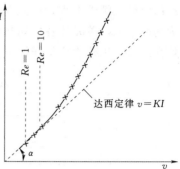

图 5.4 渗透流速与水力
梯度间的试验关系
（资料来源：陈南祥，2008 年）

试验表明，随雷诺数 Re 的不断增大，多孔介质中液体的流动状态经历三个区域：①线性层流区，临界雷诺数 Re 在 $1\sim10$ 范围内，黏滞力占优势，达西定律成立；②非线性层流区（过渡区），临界雷诺数 Re 在 $60\sim150$ 范围内，为主要被惯性力制约的层流，达西定律不成立，当雷诺数 Re 达到上限临界雷诺数范围附近时，开始出现层流与紊流的过渡；③紊流区，高雷诺数 Re 区域，惯性力占优势，达西定律不成立。由此可见，达西定律的适用上限为 $Re<1\sim10$，下限为地下水起始运动的水力梯度，即产生重力水流动的临界状态。

达西定律的适用范围要比层流运动的范围小得多。但由于自然界地下水的实际渗透流速都很小，使得大多数情况下的地下水，包括运动在各种沙层、沙砾石层中，甚至沙卵石层中的地下水，其雷诺数 Re 一般都不超过 1。因此，达西定律在绝大多数情况下适用于孔隙含水层中的渗流；对于井孔周围或基坑边缘，由于强烈抽水形成的紊流状态渗流，则不适用；对于一定条件下的裂隙含水层与岩溶含水层中的渗流也不适用。

5.3.2 非线性渗透定律

当地下水渗流的雷诺数 $Re>10$ 时，不再遵循达西定律，此时渗透流速与水力梯度之间不再呈一次线性关系，而是呈非线性关系。1912 年谢才（A. Chezy）提出适用于紊流状态的渗流运动规律，其数学表达式为 $Q=KAI^{1/2}$ 或 $v=KI^{1/2}$。其实，适用于各种流态的渗流运动规律可用斯姆列盖尔提出的公式来表示：

$$Q=KAI^{1/m} \tag{5.14}$$

或

$$v=KI^{1/m} \tag{5.15}$$

式中 m——流态指数，取值为 $1\sim2$。

式（5.14）和式（5.15）是适用于各种流态饱和渗流的一般定律，达西线性渗透定律和谢才非线性渗透定律都是其中的一种特例。当 $m=1$ 时，属渗透流速很小的层流线性定律，即达西定律；当 $1<m<2$，属渗透流速较大的层流非线性定律；当 $m=2$ 时，属渗透流速很大的紊流非线性定律，即谢才非线性渗透定律。

5.4 渗流的连续性方程

在地下水渗流场中，各点渗透流速的大小和方向都可能不同。这就需要建立以微分方程表达的地下水渗流的连续性方程，而且为了能反映一般情况，需要把它放到三维空间中来研究。

根据渗流模型的假设，地下水渗流场的全部空间都被连续水流所充满。为了建立地下水渗流的连续性方程，首先在地下水渗流场中，以 $p(x,y,z)$ 点为中心任取一微小立方体为均衡单元，单元体各边均与坐标轴平行，长度分别为 Δx，Δy，Δz（图 5.5），以 Δt 为均衡时段，来建立质量守恒方程。

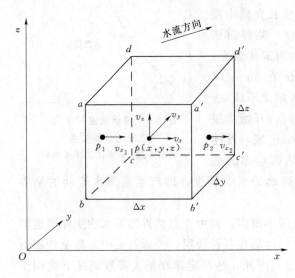

设 $p(x,y,z)$ 点的渗透流速 v 已知，其沿各坐标轴方向的分量分别为 v_x、v_y、v_z，表示为位置的函数为 $v_x = v_x(x, y, z)$、$v_y = v_y(x, y, z)$、$v_z = v_z(x, y, z)$，地下水密度为 ρ，则 $p_1\left(x - \dfrac{\Delta x}{2}, y, z\right)$ 点沿 x 轴方向渗透流速的分量表示为位置的函数为 $v_{x_1} = v_x\left(x - \dfrac{\Delta x}{2}, y, z\right)$，$p_2\left(x + \dfrac{\Delta x}{2}, y, z\right)$ 点沿 x 轴方向渗透流速分量表示为位置的函数为 $v_{x_2} = v_x\left(x + \dfrac{\Delta x}{2}, y, z\right)$。

图 5.5　地下水渗流场中的均衡单元

将 v_{x_1}、v_{x_2} 用 Taylor 级数展开，则有

$$v_{x_1} = v_x\left(x - \frac{\Delta x}{2}, y, z\right)$$

$$= v_x(x, y, z) + \frac{\partial v_x}{\partial x}\left(-\frac{\Delta x}{2}\right) + \frac{1}{2!}\frac{\partial^2 v_x}{\partial x^2}\left(-\frac{\Delta x}{2}\right)^2 + \cdots + \frac{1}{n!}\frac{\partial^n v_x}{\partial x^n}\left(-\frac{\Delta x}{2}\right)^n + \cdots$$

$$v_{x_2} = v_x\left(x + \frac{\Delta x}{2}, y, z\right)$$

$$= v_x(x, y, z) + \frac{\partial v_x}{\partial x}\left(+\frac{\Delta x}{2}\right) + \frac{1}{2!}\frac{\partial^2 v_x}{\partial x^2}\left(+\frac{\Delta x}{2}\right)^2 + \cdots + \frac{1}{n!}\frac{\partial^n v_x}{\partial x^n}\left(+\frac{\Delta x}{2}\right)^n + \cdots$$

略去二阶导数以上的高次项，可得

$$v_{x_1} = v_x - \frac{1}{2}\frac{\partial v_x}{\partial x}\Delta x$$

$$v_{x_2} = v_x + \frac{1}{2}\frac{\partial v_x}{\partial x}\Delta x$$

于是 Δt 时段内由 $abcd$ 面流入单元体的水的质量为（由于所取均衡单元体为微单元体，所以 $abcd$ 面的平均渗透流速，可近似用 v_{x_1} 代替）：

$$\rho v_{x_1}\Delta y\Delta z\Delta t = \rho\left(v_x - \frac{1}{2}\frac{\partial v_x}{\partial x}\Delta x\right)\Delta y\Delta z\Delta t = \left(\rho v_x - \frac{1}{2}\frac{\partial v_x}{\partial x}\rho\Delta x\right)\Delta y\Delta z\Delta t$$

同理，可求出 Δt 时段内由 $a'b'c'd'$ 面流出单元体的水的质量为

$$\rho v_{x_2} \Delta y \Delta z \Delta t = \rho \left[v_x + \frac{1}{2} \frac{\partial v_x}{\partial x} \Delta x \right] \Delta y \Delta z \Delta t = \left[\rho v_x + \frac{1}{2} \frac{\partial v_x}{\partial x} \rho \Delta x \right] \Delta y \Delta z \Delta t$$

因此，Δt 时段内沿轴 x 方向流入与流出单元体的水的质量差为

$$\left[\rho v_x - \frac{1}{2} \frac{\partial v_x}{\partial x} \rho \Delta x \right] \Delta y \Delta z \Delta t - \left[\rho v_x + \frac{1}{2} \frac{\partial v_x}{\partial x} \rho \Delta x \right] \Delta y \Delta z \Delta t = -\frac{\partial v_x}{\partial x} \rho \Delta x \Delta y \Delta z \Delta t$$

同理，可得 Δt 时段内沿 y 和 z 轴方向流入与流出单元体的水的质量差分别为

$$-\frac{\partial v_y}{\partial y} \rho \Delta x \Delta y \Delta z \Delta t$$

和

$$-\frac{\partial v_z}{\partial z} \rho \Delta x \Delta y \Delta z \Delta t$$

于是 Δt 时段内流入与流出单元体的水的质量差为

$$-\left[\frac{\partial v_x}{\partial x} + \frac{\partial v_y}{\partial y} + \frac{\partial v_z}{\partial z} \right] \rho \Delta x \Delta y \Delta z \Delta t$$

在均衡单元体内，水的体积为 $n \Delta x \Delta y \Delta z$（$n$ 为空隙度），则水的质量为 $n\rho \Delta x \Delta y \Delta z$，因此，在 Δt 时段内，单元体内水的质量变化量为

$$\int_{\Delta t} \frac{\partial (n\rho \Delta x \Delta y \Delta z)}{\partial t} \mathrm{d}t = \frac{\partial (n\rho \Delta x \Delta y \Delta z)}{\partial t} \Delta t$$

根据质量守恒定律，上面两式应该相等，于是有

$$-\left[\frac{\partial v_x}{\partial x} + \frac{\partial v_y}{\partial y} + \frac{\partial v_z}{\partial z} \right] \rho \Delta x \Delta y \Delta z = \frac{\partial (n\rho \Delta x \Delta y \Delta z)}{\partial t} \tag{5.16}$$

式（5.16）即为地下水渗流的连续性方程，它用数学语言从质量守恒的角度描述了地下水的渗流运动规律，说明在渗流场中任一"局部"所必须满足质量守恒定律。

式（5.16）右端项的计算比较困难，具体应用时常做一些假设进行简化。如假设只有垂直方向上有压缩（或膨胀），则 Δx、Δy 可看作常数或 Δx、Δy、Δz 都看作常数。

如果忽略地下水和含水层骨架的弹性变形（$\rho =$ 常数，n 和 Δx、Δy、Δz 都不随时间而变化），即单元体内水的质量变化为零，则方程式变为

$$\frac{\partial v_x}{\partial x} + \frac{\partial v_y}{\partial y} + \frac{\partial v_z}{\partial z} = 0 \tag{5.17}$$

式（5.17）表示在同一时间内流入与流出均衡单元体水的体积是相等的，即体积守恒。

地下水渗流的连续性方程是建立地下水渗流运动基本微分方程的基础之一。为建立以水头 H 为因变量的地下水渗流运动的基本微分方程，要引入渗流运动的基本定理（如达西定律），将 v_x、v_y、v_z 转化为以水头 H 为变量的关系式。而要将 ρ、n、Δz 转化为以水头 H 或压强 p 为变量的关系式，则要涉及水及介质的压缩性问题。

5.5 流　　网

渗流场内可以做出一系列等水头面和流面。在渗流场的某一典型剖面或切面上，取一组等水头线和一组流线组成的网格称为流网。

流线是渗流场中某一瞬时的一条空间曲线，曲线上各水质点在此瞬时的流向均与此流

线相切。迹线是渗流场中某一时段内某一水质点的运动轨迹。流线可看作同一瞬时各水质点运动的摄影，迹线则可看作某一水质点在某一时段内运动过程的录像。在稳定流条件下，流线与迹线重合。

5.5.1　均质各向同性介质中的流网

5.5.1.1　流网的特征

（1）在均质各向同性介质中，流线与等水头线处处垂直，流网为正交网格。

在均质各向同性介质中，地下水必定沿着水头变化最大的方向，即垂直于等水头线的方向运动，因此，流线与等水头线相互垂直，流网为正交网格。此时的等水头面与渗流的过水断面是一致的。

（2）各相邻两等水头线间的水头差值彼此相等，各相邻两流线间的单宽流量彼此相等。

在渗流场的某一典型剖面或切面上，流线和等水头线有无数多条，应该有选择的取用某些流线和等水头线来组成流网。选取原则如下。

1）使各相邻两等水头线间的水头差值彼此相等。

2）使各相邻两流线间的单宽流量彼此相等。

如上下游的总水头差为 $H_r = H_1 - H_2$，则各相邻两等水头线间的水头差为

$$\Delta H = \frac{H_r}{n} \tag{5.18}$$

式中　n——水头带的数目（相邻两水头线间的条带）。

（3）在均质各向同性介质中，流网每一网格的边长比为常数。

根据达西定律，通过图 5.6 中 $ABCD$ 网格的单宽流量为

$$\Delta q = KI\Delta l \times 1 = K\frac{\Delta H}{\Delta s}\Delta l \times 1 = K\Delta H\frac{\Delta l}{\Delta s} \tag{5.19}$$

式中　Δl——该网格相邻两流线间的平均宽度；

　　　Δs——该网格相邻两等水头线间的平均长度。

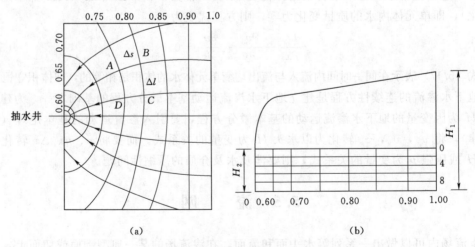

图 5.6　承压完整井抽水时的流网图

（资料来源：陈南祥，2008 年）

（a）平面图；（b）剖面图

式（5.19）中，ΔH 为定值，均质各向同性介质中渗透系数 K 也为定值，根据流网的选取原则，各网格的 Δq 也彼此相等（即 Δq 为定值）。因此，必有

$$\frac{\Delta l}{\Delta s} = 定值$$

为方便起见，通常取 $\frac{\Delta l}{\Delta s} = 1$，流网为曲边正方形。

（4）在非均质各向同性介质中，在一种介质中为曲边正方形的流网，越过界面进入另一介质中，则变为曲边矩形（图 5.7）。

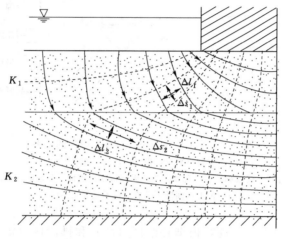

图 5.7 双层地基中的流网图

（资料来源：陈南祥，2008 年）

取两条流线所限定的条带，由水流连续性原理，有

$$\Delta q = K_1 \frac{\Delta H}{\Delta s_1} \Delta l_1 = K_2 \frac{\Delta H}{\Delta s_2} \Delta l_2 \tag{5.20}$$

若在渗透系数为 K_1 的介质中流网为曲边正方形，即 $\frac{\Delta l_1}{\Delta s_1} = 1$，则在渗透系数为 K_2 的介质中必有 $\frac{\Delta l_2}{\Delta s_2} \neq 1$，即流网成为矩形网格，且保持 $\frac{\Delta l_2}{\Delta s_2} = \frac{K_1}{K_2}$。

5.5.1.2 流网的绘制

为了讨论方便，在此仅限于分析均质各向同性介质中的稳定流网。

精确绘制定量流网需要充分掌握边界条件及参数。在实测资料很少的情况下，也可绘制定性流网。尽管这种信手绘制的流网并不准确，但可以为我们提供许多有用的水文地质信息，是水文地质分析的有效工具。

绘制流网时，首先根据边界条件绘制容易确定的等水头线或流线。边界包括定水头边界、隔水边界及地下水面边界。地表水体边界一般可看作等水头面（河渠湿周是等水头线），如图 5.8 (a) 所示。隔水边界应看作流线或流面 [图 5.8 (b)]，水流不能通过隔水边界和流线。地下水面边界比较复杂。当无入渗补给及蒸散排泄、有侧向补给、做稳定流动时，地下水面是流线 [图 5.8 (c)]；当有入渗补给时，它既不是流线，也不是等水头

线 [图 5.8 (d)]。

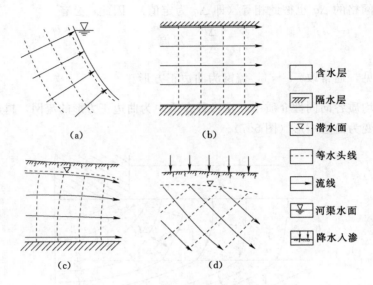

图 5.8　等水头线、流线与各类边界的关系

(资料来源：张人权，2011 年)

(a) 河渠湿周是等水头线或面；(b) 隔水边界应看作流线或流面；(c) 地下水面是流线或流面；

(d) 地下水面既不是流线也不是等水头线

流线总是由源指向汇，因此，根据补给区（源）和排泄区（汇）可以判断流线的趋向。渗流场中具有一个以上补给区或排泄区时，首先要确定分流面或分流线（图 5.9）。相对于地质隔水边界，分流面是水力隔水边界。

然后，根据流线与等水头线正交规则，在已知流线与等水头线间插补其余部分，得到由流线与等水头线构成的正交网络。

这种正交流网，等水头线的密疏说明水力梯度的大小；相邻两条流线之间通过的流量相等，因此，流网的密疏反映渗透流速及流量的大小。

下面以河间地块的信手流网绘制为例说明。图 5.9 表示一个具有水平隔水底板、均质各向同性潜水含水层的河间地块，地下水接受均匀稳定的入渗补给，并向两侧河流排泄，两河水位相等且保持不变。大体上可按图 5.9 所标的顺序绘制流网。在绘制潜水面和表示均匀入渗补给的等间距垂向箭头后，从入渗补给箭头投影到潜水面的点出发，依次绘制流线至两侧河流。绘制等水头线时，先在地下分水岭到河水位之间引出等间距的水平线，再从该水平线与潜水面的交点分别引出各条等水头线。

从这张简单的流网图可以获得以下信息：①由分水岭到河谷，流向自上而下到接近水平，再自下而上；②在分水岭地带打井，井中水位随井深加大而降低，河谷地带井水位则随井深加大而抬升；③由分水岭到河谷，流线越来越密集，流量增大，地下径流加强；④由地表向深部，地下径流减弱；⑤由分水岭出发的流线，渗透路径最长，平均水力梯度最小，地下水径流最弱。

利用流网，还可以追踪污染物质的运移。根据某些矿物溶于水中标志成分的浓度分

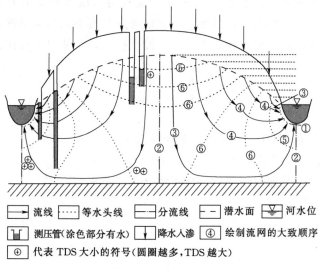

图 5.9 河间地块剖面流网

（资料来源：张人权，2011 年）

布，结合流网分析，可以推断深埋于地下盲矿体的位置。实际工作中往往只画示意流线便足以说明问题。

5.5.2 层状非均质介质中的流网

所谓层状非均质是指介质场内各层内部渗透性相同，但不同层的渗透性不同。

如图 5.10 所示，设有两岩层，其渗透系数分别为 K_1 及 K_2，而 $K_2=3K_1$。在图 5.10 （a）的情况下，当两层厚度相等，流线平行于层面流动时，两层中的等水头线间隔分布一致，但 K_2 层中的流线密度为 K_1 层的 3 倍。也就是说，更多的地下水通过渗透性好的 K_2 层运移。在图 5.10 （b）的情况下，K_1 与 K_2 两层长度相等，流线恰好垂直于层面，这时通过两层的流线数相等。但在 K_1 层中等水头线的间隔数为 K_2 层的 3 倍。这就是说，在流量相等，渗透路径相同的情况下，地下水在渗透性差的 K_1 层中消耗的机械能是 K_2 层的 3 倍。

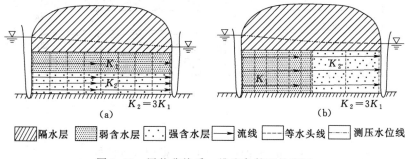

图 5.10 层状非均质一维流条件下的流网

（资料来源：张人权，2011 年）

（a）两层厚度相等，流线平行于层面流动；（b）两层长度相等，流线垂直于层面流动

下面再来看第三种情况。如图 5.11 所示，流线与岩层界面既不平行，也不垂直，而以一定角度斜交。在这种情况下，当地下水流线通过具有不同渗透系数的两层边界时，必然像光线通过一种介质进入另一种介质一样，发生折流，服从以下规律：

$$\frac{K_1}{K_2} = \frac{\tan\theta_1}{\tan\theta_2} \tag{5.21}$$

式中　θ_1——流线在 K_1 层中与层界法线间的夹角；

　　　θ_2——流线在 K_2 层中与层界法线间的夹角。

式（5.21）的证明可参见弗里泽等的《地下水》第 5 章内容[2,27,28]。

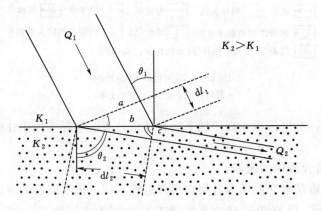

图 5.11　流线在不同渗透性岩层界面上的折流现象

（资料来源：张人权，2011 年）

应用物理学知识不难理解上述现象。为了保持流量相等，流线进入渗透性较好的岩层后将更加密集，等水头线则间隔加大（$dl_2 > dl_1$），如图 5.11 和图 5.12 所示。

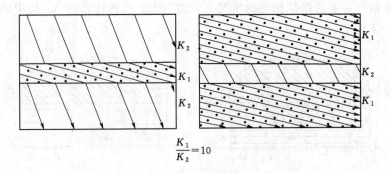

图 5.12　流线在不同渗透性岩层中的折流

（资料来源：Hubbert，1940 年；张人权，2011 年）

同理，当含水层中存在强渗透性透镜体时，流线将向其汇聚 [图 5.13（a）]；存在弱渗透性透镜体时，流线将绕流 [图 5.13（b）]。

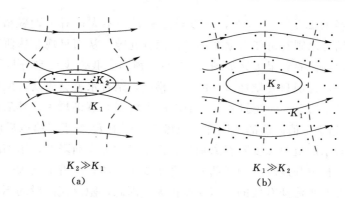

图 5.13　流线经过强弱渗透性透镜体时的汇流与绕流
（资料来源：张人权，2011 年）
（a）流线向强渗透性透镜体汇聚；（b）流线绕流弱渗透性透镜体

5.6　饱水黏性土中水的运动规律

不少研究者曾进行了饱水黏性土的室内渗透试验，并得出了不同的结果[29-31]。根据这些试验结果，黏性土中渗透流速 v 与水力梯度 I 主要存在 3 种关系。

1）第一种：v-I 关系曲线为通过原点的直线，服从达西定律 ［图 5.14（a）］；

2）第二种：v-I 关系曲线不通过原点，水力梯度小于某一值 I_0 时，不发生渗流；大于 I_0 时，起初为一向 I 轴凸出的曲线，然后转为直线 ［图 5.14（b）］；

3）第三种：v-I 关系曲线通过原点，I 小时曲线向 I 轴凸出，I 大时曲线为直线 ［图 5.14（c）］。

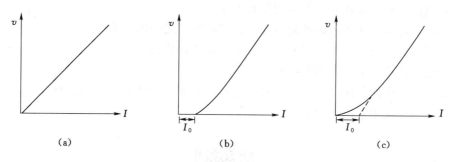

图 5.14　饱水黏性土渗透试验的各类 v-I 关系曲线
（资料来源：张人权，2011 年）
（a）v-I 关系曲线为通过原点的直线，服从达西定律；（b）v-I 关系曲线不通过原点，
起初不服从达西定律；（c）v-I 关系曲线通过原点，起初不服从达西定律

迄今为止，较多的学者认为，黏性土（包括相当致密的黏土在内）中的渗流，通常仍然服从达西定律。例如，奥尔逊[31] 曾用高岭土做渗透试验，加压固结使高岭土孔隙度从 58.8％降到 22.5％，施加水力梯度 $I = 0.2 \sim 40$，结果得出 v-I 关系曲线为一通过原点的直线。他的解释是因为高岭土颗粒表面的结合水层厚度相当于 20～40 个水分子的厚度，

仅占孔隙平均直径的 2.5%～3.5%，所以对渗透影响不大；对于颗粒极其细小的黏土，尤其是膨润土，结合水则有可能占据全部或大部分孔隙，从而呈现非达西流。

偏离达西定律的试验结果大多如图 5.14 (c) 所示，我们据此来分析结合水的运动规律。曲线通过原点，说明只要施加微小的水力梯度，结合水就会流动，但此时的渗透流速 v 十分微小。随着 I 加大，曲线斜率（表征渗透系数 K）逐渐增大，然后趋于定值。

张忠胤把 K 趋于定值以前的渗流称为隐渗流，而把 K 趋于定值以后的渗流称为显渗流。他认为，结合水的抗剪强度随着离颗粒表面距离的加大而降低；施加的水力梯度很小时，只有孔隙中心抗剪强度较小的那部分结合水发生运动；随着 I 增大，参与流动的结合水层厚度加大，即对水流动有效的孔隙断面扩大，因此，隐渗流阶段的 K 值是 I 的函数；由于内层结合水的抗剪强度随着靠近颗粒表面而迅速增大，当 I 进一步增大时，参与流动的结合水的厚度没有明显扩大，此时，K 即趋于定值[32]。

对于图 5.14 (c) 的 v-I 曲线，可从直线部分引一切线交于 I 轴，截距 I_0 称为起始水力梯度。v-I 曲线的直线部分可用罗查的近似表达式表示：

$$v = K(I - I_0) \tag{5.22}$$

结合水是一种非牛顿流体，是介于固体与液体之间的异常液体，外力必须克服其抗剪强度方能使其流动。

饱水黏性土渗透试验的要求比较高，稍不注意就会产生各种试验误差，得出虚假的结果。因此，不能认为，黏性土的渗透特性及结合水的运动规律目前已经得出了定论。在低渗透介质渗流机理方面，仍有很多挑战性的课题需要深入研究[33,34]。

思　考　题

1. 渗流的驱动力是什么？如何表征其大小？
2. 简述渗透流速和实际流速的概念，并说明两者之间的关系。
3. 如何理解达西定律体现了质量守恒和能量守恒原理？
4. 影响渗透系数的因素有哪些？
5. 流网有何特性与用途？各向同性介质与各向异性介质的流网有何异同？
6. 饱水黏性土中水的运动有何特点？

扫描二维码阅读
本章数字资源

第6章 包气带水

学习目标：掌握与毛细水有关的毛细力、毛细负压和毛细上升高度的概念；理解毛细现象实质的力学解释；了解毛细负压的测定方法；了解包气带水的分布和运动的基本特征；了解包气带含水量的变化与水势、渗透系数的关系。

重点与难点：毛细力、毛细负压、毛细上升高度的概念；毛细现象实质的力学解释；包气带土层含水量与水势和渗透系数的变化关系。

包气带水是指以各种形式存在于包气带中的水。其赋存和运移受重力、毛细力和基质吸引力的共同影响，确切地说是受土壤水势的影响。较饱水带多了毛细力和基质吸引力的作用，具有吸收水分、保持水分和传递水分的能力。包气带含水量及其水盐运移受气象因素的影响十分显著。包气带是饱水带与大气水、地表水进行水分与能量交换的枢纽，其水盐运移对饱水带有重要的影响。

6.1 毛细现象和毛细水

6.1.1 毛细现象的本质

将一根玻璃毛细管插入液体中，毛细管内的液面会上升或下降一定的高度，这便是发生在固、液、气三相界面上的毛细现象（图6.1）。

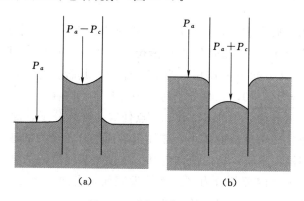

图 6.1 毛细现象示意图
(a) 毛细管内液面上升的毛细现象；(b) 毛细管内液面下降的毛细现象
P_a—液体表面大气压强；P_c—毛细管弯液面产生的附加压强

液面为何会上升或下降一定高度？即毛细现象跟什么因素有关？

毛细现象是由于表面张力作用而产生的，说到底它是由多种表面张力共同作用的结果。因此，下面从分析表面张力入手，分析毛细现象产生的机理，揭示毛细现象的本质。

6.1.1.1 表面张力

1. 液-气表面层的表面张力

我们知道，任何液体都有力图缩小其表面积的趋势。一个液滴总是力求成为球状，因为球状是同一体积的液体表面积最小的形状。液体表层犹如拉紧的弹性薄膜，表层分子彼此拉得很紧。这说明，液体表面上存在沿表面收缩作用的力，这种力只存在于表面。

液体表面其实是液体与空气的交界面，是厚度等于液体分子有效作用半径 δ（$\delta =$ 10^{-8} m）的一层液体，称为表面层。表面层中有一种使液面尽可能收缩到最小的宏观张力，这个张力就是表面张力。

那么，表面张力是怎样产生的，即其本质是什么呢？这要从分子作用力的微观角度和势能角度去解释。

如图 6.2 所示，在液体内部 P 点，任取一液体分子 M，以 M 为球心，以液体分子有效作用半径为半径做一球，称为分子作用球。球外液体分子对 M 分子无作用力，球内液体分子对 M 分子的作用力呈球对称分布，其合力为零。

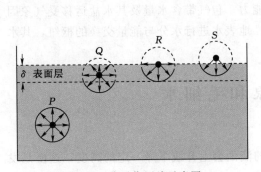

图 6.2　分子作用球示意图

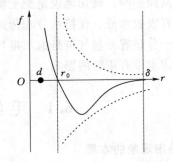

图 6.3　分子间作用力与距离关系图

（d 为分子有效直径，10^{-10} m，δ 为分子有效作用半径，10^{-8} m）

分子间的作用力，既有引力，又有斥力。如图 6.3 所示，当分子间的距离 $r = r_0$ 时，引力等于斥力，其合力 $f = 0$，此时处于平衡位置；当 $r < r_0$ 时，其合力 $f > 0$（斥力为正，引力为负），此时斥力起主要作用；当 $r > r_0$ 时，其合力 $f < 0$，此时引力起主要作用；当 $r > \delta$ 时，其合力 $f \approx 0$，此时分子间作用力基本不存在。

如图 6.2 所示，从表面层中的 Q、R、S 点任取一液体分子，此液体分子作用球的一部分在液体外，由于空气密度比液体小，破坏了表面层分子受力的球对称性，因而其合力 f 不为零，其合力与液面垂直，指向液体内部。这使得表面层内的分子与液体内部分子不同，都受到一个指向液体内部的合力 f。越靠近表面，受到的合力 f 越大。在合力 f 作用下，液体表面层的分子有被拉进液体内部的趋势。

从能量观点来看，把液体分子从液体内部移动到表面层，需要克服合力 f 做功，外力做功，分子势能增加，即表面层内液体分子的势能比液体内部分子的势能大，表面层为高势能区。任何系统的势能越小越稳定，所以表面层内的分子有尽量挤入液体内部的趋势。

这种趋势导致表面层一部分液体分子移动到液体内部，使得表面层分子间的间距增大，由原来的平衡（$r=r_0$）变为引力为主（$r>r_0$），从而表面层液体分子间都表现为引力，该引力与表面相切，就是表面张力。

2. 固-液附着层的表面张力

同样，固体与液体交界面，也会形成厚度等于液体或固体分子有效作用半径 δ（以大者为准）的一层液体，称为附着层，如图6.4所示，附着层内的液体分子一方面要受到液体内部分子的引力，所受液体内部分子引力之和，称为内聚力（$f_{内}$）；同时，还要受到固体分子的引力，所受固体分子引力之和，称为附着力（$f_{附}$）。对于附着层中任意液体分子 A 来说存在以下几种情况。

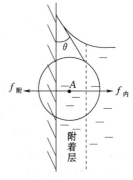

图 6.4 附着层示意图

（1）当 $f_{附}>f_{内}$，A 分子所受合力 f 不为零，方向垂直于附着层指向固体，而液体内部分子由于受力的球对称性，其合力 f 为零。因此，从力的角度来看，此情况下，在合力 f 的作用下附着层中的液体分子有向固体表面一侧移动的趋势，这一趋势导致液体内部的分子有尽可能挤入附着层的趋势；从能量观点来看，此情况下，附着层为低势能区，液体内部为高势能区，所以液体内部的分子有尽可能挤入附着层的趋势。这种趋势导致液体内部一部分液体分子移动到附着层，使得附着层分子间的间距变小，由原来的平衡（$r=r_0$）变为斥力为主（$r<r_0$），从而附着层液体分子之间都表现为斥力，该斥力与界面相切，也是表面张力。在此斥力的作用下附着层向固体表面扩展，宏观上表现为液体浸润固体。

（2）当 $f_{附}<f_{内}$ 时，A 分子所受合力 f 的也不为零，但方向垂直于附着层指向液体内部。从力的观点来看，此情况下，在合力 f 的作用下，附着层中的液体分子有尽可能挤入液体内部的趋势；从能量观点来看，此情况下，附着层为高势能区，液体内部为低势能区，所以附着层中的液体分子有尽可能挤入液体内部的趋势。这种趋势导致附着层中一部分液体分子移动到液体内部，使得附着层分子间的间距增大，由原来的平衡（$r=r_0$）变为引力为主（$r>r_0$），从而附着层液体分子之间都表现为引力，该引力与界面相切，也是表面张力。在此引力的作用下附着层收缩，宏观上表现为液体不浸润固体。

3. 固-气附着层的表面张力

同样，固体与气体交界面，也会形成厚度等于气体分子有效作用半径 δ 的一层气体，这层气体也称为附着层。附着层内的气体分子也受到内聚力（$f_{内}$）和附着力（$f_{附}$）的作用。因为固体分子引力要比气体分子的引力大的多，所以 $f_{附}>f_{内}$，附着层气体分子所受合力 f 的不为零，方向垂直于附着层指向固体。所以，附着层为低势能区，气体内部为高势能区，因而气体内部的分子有尽可能挤入附着层的趋势。这种趋势导致气体内部一部分分子移动到附着层，使得附着层分子间的间距变小，由原来的平衡（$r=r_0$）变为斥力为主（$r<r_0$），从而附着层气体分子之间都表现为斥力，该斥力与界面相切，也是表面张力。

6.1.1.2 接触角

在气、液、固三相交点处，做液-气界面及固-液界面的切线，这两条切线通过液体内部的夹角称为接触角，用 θ 表示，如图 6.5 所示。

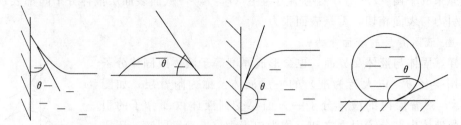

图 6.5　接触角示意图

（1）当 $\theta < 90°$ 时，液体浸润固体，$\theta = 0°$ 时，液体完全浸润固体。

（2）当 $\theta > 90°$ 时，液体不浸润固体，$\theta = 180°$ 时，液体完全不浸润固体。

6.1.1.3　表面张力系数

设想在液面上划一长度为 L 的线段，此线段两侧的液面在表面张力的作用下以一定的力相互吸引，该力与液面相切，与线段垂直，指向各自的一方，分别用 F 和 F' 表示，这恰为一对作用力与反作用力，因而 $F = -F'$。

由于线段上各点均有表面张力作用，线段越长，则合力越大，则：$F = \alpha L$，α 称为液-气界面的表面张力系数，表示液体表面单位长度线段上的表面张力，单位为 N/m。

同样，固-液、固-气界面的表面张力也与线段的长度成正比，此系数分别就是固-液界面的表面张力系数 β 和固-气界面的表面张力系数 γ，单位为 N/m。

6.1.1.4　毛细现象的实质

毛细现象发生在固、液、气三相界面上，三相交汇处（与毛细管壁接触的弯液面的端部）表面层与附着层重叠，称为表面附着层。沿管壁内圆周单位长度的表面附着层，平衡时受到四种力作用（摩擦力和重力忽略不计）[35]，如图 6.6 所示。

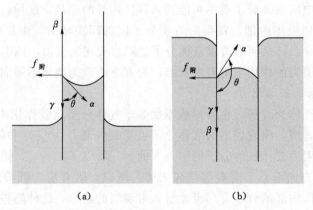

图 6.6　三相界面的表面张力

（a）毛细管内液面上升的情况；（b）毛细管内液面下降的情况

（1）液-气表面层的表面张力 α。

（2）固-液附着层的表面张力 β。

（3）固-气附着层的表面张力 γ。

(4) 固体管壁的附着力 $f_{附}$。垂直于管壁，在不考虑摩擦力的情况下，对液柱的上升或下降没有贡献[36]，可以在最大值范围内，根据所受表面张力 α 的大小，改变液、固分子间距而自动调整其大小，这一点与静摩擦力十分相似[35]。

1）对于液体浸润管壁的情况（β、γ 方向相反，大小：$\beta > \gamma$）。当毛细管刚插入液体的瞬时，向上的凹液面还没有形成 [图 6.7（a）]，此时，垂直方向上由于 $\beta > \gamma$，其合力等于 $\beta - \gamma$，方向垂直向上。在这一合力的作用下，表面附着层开始向上移动。在表面附着层的拉动下，毛细管内的液体也开始上升，凹液面也开始逐渐形成。当 $\beta - \gamma = \alpha\cos\theta$，垂直方向上的合力等于 0，此时液柱停止上升，形成新的平衡。如图 6.6（a）平衡时，对于沿管壁内圆周单位长度的表面附着层有

$$\beta - \gamma = \alpha\cos\theta \tag{6.1}$$

$$f_{附} = \alpha\sin\theta \tag{6.2}$$

式（6.1）就是杨氏方程。

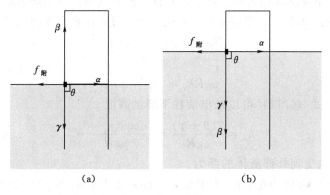

图 6.7　毛细管刚插入液体时表面张力
（a）毛细管内液面上升的情况；（b）毛细管内液面下降的情况

对于沿管壁内圆周的整个表面附着层来说，平衡时，在垂直方向上的平衡条件为

$$2\pi R\beta = 2\pi R\gamma + 2\pi R\alpha\cos\theta \tag{6.3}$$

式中　R——毛细管半径。

再以毛细管中上升的液柱为研究对象，对整个液柱（包括表面附着层）来说 $2\pi R\alpha$ 是内力，而 $2\pi R\beta$、$2\pi R\gamma$ 和自身重力 G 都是外力，因此，整个液柱在垂直方向上的平衡条件为

$$2\pi R\beta = 2\pi R\gamma + G \tag{6.4}$$

化简变换后，有

$$2(\beta - \gamma) = \rho g R h_c \tag{6.5}$$

式中　G——液柱的重力；

　　　ρ——液体的密度；

　　　h_c——液柱上升高度；

　　　g——重力加速度。

由式（6.1）、式（6.5）可以求出液柱上升的高度：

$$h_c = \frac{2(\beta - \gamma)}{\rho g R} = \frac{2\alpha \cos\theta}{\rho g R} \qquad (6.6)$$

2）对于液体不浸润管壁的情况（β、γ 方向相同，大小：$\beta > \gamma$）。毛细管刚插入液体的瞬时，向上的凸液面（简称凸液面）还没有形成 [图 6.7（b）]，此时，垂直方向上的合力等于 $\beta + \gamma$，方向垂直向下。在这一合力的作用下，表面附着层开始向下移动。在表面附着层的推动下，毛细管内的液体也开始下降，凸液面也开始逐渐形成。当 $\beta + \gamma = \alpha \cos(\pi - \theta)$，垂直方向上的合力等于 0，此时液体停止下降，形成新的平衡。如图 6.6（b）平衡时，对于沿管壁内圆周单位长度的表面附着层有

$$\beta + \gamma = \alpha \cos(\pi - \theta) \qquad (6.7)$$

$$f_{附} = \alpha \sin(\pi - \theta) \qquad (6.8)$$

对于沿管壁内圆周的整个表面附着层来说，平衡时，在垂直方向上的平衡条件为

$$2\pi R \alpha \cos(\pi - \theta) = 2\pi R \beta + 2\pi R \gamma \qquad (6.9)$$

再以毛细管中下降的液柱为研究对象，对整个液柱（包括表面附着层）来说 $2\pi R \alpha$ 是内力，而 $2\pi R \beta$、$2\pi R \gamma$ 和浮力 F 都是外力，因此，整个液柱在垂直方向上的平衡条件为

$$F_{浮} = 2\pi R \beta + 2\pi R \gamma \qquad (6.10)$$

化简变换后，有

$$\rho g R h_c = 2(\beta + \gamma) \qquad (6.11)$$

由式（6.7）、式（6.11）可以求出液柱下降的高度

$$h_c = \frac{2(\beta + \gamma)}{\rho g R} = \frac{2\alpha \cos(\pi - \theta)}{\rho g R} \qquad (6.12)$$

式中　$F_{浮}$——液柱受到外部液体的浮力。

假设垂直向上的方向为正，h_c 大于 0 表示液柱上升，h_c 小于 0 表示液柱下降，则液柱上升下降的公式可统一表示为

$$h_c = \frac{2\alpha \cos\theta}{\rho g R} \qquad (6.13)$$

6.1.1.5　毛细压强

当弯液面为凹液面时，作用于液柱上的表面张力 $2\pi R \beta$ 和 $2\pi R \gamma$ 在垂直方向上也产生了一合力，大小为 $2\pi R(\beta - \gamma)$，方向垂直向上，这个合力也是由于表面张力的作用附加于凹液面上的附加力，这一附加力对液柱产生了一向上的附加表面压强，用 P_c 表示：

$$P_c = \frac{2\pi R(\beta - \gamma)}{\pi R^2} = \frac{2\pi R \alpha \cos\theta}{\pi R^2} = \frac{2\alpha \cos\theta}{R} \qquad (6.14)$$

当弯液面为凸液面时，作用于液柱上的表面张力 $2\pi R \beta$ 和 $2\pi R \gamma$ 在垂直方向上也产生了一合力，大小为 $2\pi R(\beta + \gamma)$，方向垂直向下，这个合力也是由于表面张力的作用附加于凸液面上的附加力，这一附加力对液柱产生了一向下的附加表面压强，也用 P_c 表示：

$$P_c = \frac{2\pi R(\beta + \gamma)}{\pi R^2} = \frac{2\pi R \alpha \cos(\pi - \theta)}{\pi R^2} = \frac{2\alpha \cos(\pi - \theta)}{R} \qquad (6.15)$$

从上面可以看出，附加表面压强总是指向弯液面的曲率中心。液柱实际承受的表面压强 P（以下简称"实际表面压强"）为大气压强 P_a 与附加表面压 P_c 之代数和。当弯液面为凹液面时，附加表面压强为负（与大气压强作用于液面的方向相反），实际表面压强为

$P=P_a-P_c$ ［图 6.1 (a)］。当弯液面为凸液面时，附加表面压强为正（与大气压强作用于液面的方向相同），实际表面压强为 $P=P_a+P_c$ ［图 6.1 (b)］。平的液面不产生附加表面压强，故实际表面压强 $P=P_a$。

弯液面产生的附加表面压强，称为毛细压强，同样记为 P_c。

当毛细管不是圆形时，形成的弯液面并非圆球面。这种情况下，任何形状的弯液面所产生的毛细压强 P_c 都可以用拉普拉斯公式表示：

$$凹液面：P_c=\alpha\cos\theta\left(\frac{1}{R_1}+\frac{1}{R_2}\right) \tag{6.16}$$

$$凸液面：P_c=\alpha\cos(\pi-\theta)\left(\frac{1}{R_1}+\frac{1}{R_2}\right) \tag{6.17}$$

式中 R_1、R_2——弯液面的两个主要曲率半径。

当毛细管为圆形时，即 $R_1=R_2=R$，根据式（6.16）、式（6.17）就可以得到式（6.14）、式（6.15）。由此可见，式（6.14）、式（6.15）乃是拉普拉斯公式的特殊形式。

当毛细管为圆形且足够细时，凹液面或凸液面接近于半圆球面，此时接触角 θ 接近于 $0°$ 或 $180°$，对于这种特殊情况则有

液柱上升或下降的高为

$$h_c=\frac{2\alpha}{\rho gR}=\frac{4\alpha}{\rho gD} \tag{6.18}$$

附加表面压强为

$$P_c=\frac{2\alpha}{R}=\frac{4\alpha}{D} \tag{6.19}$$

式中 D——毛细管的直径。

当 $\rho=1\text{g/cm}^3$、$g=981\text{cm/s}^2$、$\alpha=74\text{dyn}$❶$/\text{cm}$（$=7.4\times10^{-2}\text{N/m}$）时，液柱上升或下降的高度近似表示为

$$h_c=\frac{2\alpha}{\rho gR}=\frac{4\alpha}{\rho gD}\approx\frac{0.03}{D} \tag{6.20}$$

6.1.2 毛细负压及其测定方法

水在孔隙中经常形成凹液面，产生的附加表面压强 P_c 与大气压强 P_a 作用于液面的方向相反，习惯上称为毛细负压。凹液面内的水柱，由于表面张力的作用，要比平的液面小相当于 P_c 的压强；或者说，凹液面下的水柱存在一个相当于 P_c 的真空值。为了说明这点，我们可以做一个简单的实验：使两个玻璃圆球保持一定间隙，然后向此间隙滴水，可以看到两个圆球在接触处形成孔角毛细水，并立即贴紧（图 6.8）。加适量水的

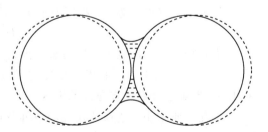

图 6.8 分离的圆球（虚线）因滴水形成
孔角毛细水而贴紧（实线）
（资料来源：张人权，2011 年）

---

❶ dyn（达因）为力（F）的废除计量单位，1dyn$=10^{-5}$N，全书下同。

砂比干燥的砂更为密实，也是毛细负压作用的结果。

若将 P_c 换算为水柱高度，即毛细上升高度或毛细压力水头，用 h_c 表示，以 m 为单位，则就是式（6.6）、式（6.20）所表达的形式。

在饱和带，可以用测压管（压力计）测定任一点的压力水头或测压高度 h_p。如图6.9（a）所示，在饱和带中，总水头

$$H = z + h_p \tag{6.21}$$

式中　z——位置水头（重力势）。

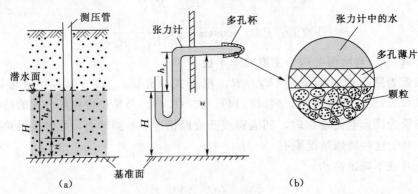

图 6.9　压力测定

(a) 饱水带；(b) 包气带

（资料来源：张人权，2011 年）

跟饱和带用测压管测定压力水头或测压高度 h_p 一样，可以用张力计测定包气带的毛细压力水头 h_c [图6.9（b）]，张力计是一端带有陶土多孔杯的充水弯管，多孔杯充水后透水而不透气。将此多孔杯插入土中，经过一定时间，张力计中的水与土壤中的水达到水力平衡，在弯管开口部分显示一个稳定的水位。此水位到放置多孔杯处的垂直距离就是 h_c，从图6.9（b）可以直观看出它是一个负的压力水头。在包气带中，总水头

$$H = z - h_c \tag{6.22}$$

根据上面所述，在研究饱和带-非饱和带地下水运动时，总水头（总水势）可统一表示为位置水头（重力势）z 和压力水头（压力势）h 之和，即

$$H = z + h \tag{6.23}$$

饱和带地下水面以下的压力水头为正 [$h = h_p$，图6.9（a）]；非饱和带压力水头为负 [$h = -h_c$，图6.9（b）]；潜水面处的压力水头为零。

6.1.3　毛细上升高度与悬挂毛细水

多孔介质中相互连通的孔隙网络可概化为毛细管。若取潜水面为基准面，则潜水面处水头值为

$$H = z + h_p = 0 \, (z = 0; \ h_p = 0) \tag{6.24}$$

当包气带支持毛细水的凹液面位于潜水面处（图6.10中 B 点），则 B 点的水头值为

$$H = z - h_c = 0 - h_c = -h_c \tag{6.25}$$

即比周围潜水面水头低 h_c，则在此水头差的驱动下，毛细水将上升。当支持毛细水凹液面上升到 h_c 后，凹液面处（图6.10中 C 点）的水头为

$$H = z - h_c = h_c - h_c = 0 \tag{6.26}$$

此时，支持毛细水带的水头与潜水面上的水头相等，支持毛细水的凹液面停留于潜水面以上 h_c 处而不再上升，最大毛细上升高度即为 h_c。式（6.18）、式（6.20）表示毛细上升高度与毛细管直径成反正；因此，土颗粒越细、孔径越小，其毛细上升高度越大（表6.1）。

表 6.1   松散孔隙介质支持毛细水上升高度

土的分类	毛细上升高度/cm	土的分类	毛细上升高度/cm
粗砂	2～4	亚砂土	120～250
中砂	12～35	亚黏土	300～350
细砂	35～120	黏 土	>350

资料来源：转引自张人权，2011 年。

在上层颗粒细而下层颗粒粗的层状土中，细粒层中可形成悬挂毛细水（图 3.4）。此时，毛细力与重力的平衡如图 6.11 所示，悬挂毛细水的上下端均出现弯液面，下端的弯液面可以是凸的、平的或凹的。

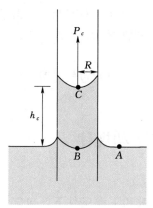

图 6.10 凹弯液产生的
毛细压强

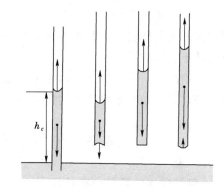

图 6.11 悬挂毛细水受力平衡示意图
（资料来源：张人权，2011 年）
从弯液面引出的箭头表示毛细力，水柱重心
向下的箭头表示重力，线段长度代表力的大小

6.2 土壤水势及其组成

土壤水势是指单位数量的水所具有的能量与其在参照状态下所具有的能量差[37]。参照状态一般使用纯自由水在参考大气压、参考温度、参考高度下的状态[38]。通常，用高度单位（如 cm 或 mm）表示单位重量水的水势。实际计算时，先选择基准面，作为重力势及总水势的零点。地下水总是由总水势较高处流向总水势较低处，沿渗流方向总水势递减。

总水势包括重力势、压力势、基质势、溶质势等[38-41]。分别简述如下。

1. 重力势

重力势（即位置势能）源于重力场，是在恒温条件下将单位重量的纯自由水从参考基

准面移到某一高度 z，外力所做的功。重力势的大小与基准面的位置有关。基准面以上 z 位置的重力势为 z，基准面以下 z 位置的重力势为 $-z$[39]。

2. 压力势和基质势

相对于大气压力（参照零点）所存在的势能差为压力势。潜水面处压力势为零（压强为大气压强）；潜水面以下饱和带的压力势为正。潜水面以上包气带的压力势为负，常被称为毛细管势或基质势[39]，对应于前文讨论的毛细负压水头。

基质势是由非饱和基质（土壤）对水的吸附力和毛细力产生的。这种力将水束缚在土壤中，使土壤水的势能低于自由水（参照状态）。基质势只有在包气带固、液、气三相并存时才存在，其大小与岩性、含水量状况有关；饱和带的基质势为零。

3. 溶质势

溶质势是由于溶质溶于水后，因溶质对水分子的吸引力，降低了土壤溶液的势能。当土-水系统中存在半透膜（只允许作为溶剂的水通过而不允许盐类等溶质通过的材料）时，水将通过半透膜扩散到溶液中去，这种溶液与纯水之间存在的势能差称为溶质势，也称为渗透势；溶质势恒为负值。溶质势只有在半透膜存在的情况下才起作用。土壤中一般不存在半透膜，因此，土壤水中溶质的存在并不显著影响土壤水分的运动。植物根系存在不完全半透膜，考虑植物根系吸水问题时，溶质势的作用不可忽略。只有当土壤溶液的势能高于根内溶液的势能时，植物根系才能吸收土壤水，否则植物根系将不能吸水，甚至根茎内水分还被土壤吸取[37,39]。

一般情况下，研究饱水带时主要考虑重力势和压力势；研究包气带时主要考虑重力势和基质势；研究植物根系吸水时需要考虑溶质势。

6.3 包气带水的分布与运动规律

6.3.1 包气带水的垂向分布特征

图 6.12（b）所示为均质土构成的包气带在没有蒸散和下渗条件下，包气带水分稳定时含水量的垂向分布情况。由地表向下某一深度内含水量为一定值，这一含水量称为残留含水量（W_0）。构成残留含水量的水包括结合水、孔角毛细水，有时还有部分悬挂毛细水 [图 6.12（a）放大图①]，是反抗重力保持于土壤中的最大持水度。这部分水与其下的支持毛细水及潜水不发生水力联系。由此往下为支持毛细水带，随着接近潜水面含水量增高 [图 6.12（a）放大图②和③]。

在潜水面之上有一个含水量饱和（体积含水量等于孔隙度）的带，称为毛细饱和带 [图 6.12（b）]。支持毛细水带是在毛细力作用下，水分从潜水面上升形成的，因此它与潜水面有密切水力联系，随潜水面变动而变动。为什么此带中含水量逐渐增加以至达到饱和呢？这是因为土壤中的孔隙实际上是由大小不一的孔隙通道构成的网络 [图 6.12（a）]，细小的孔隙通道毛细上升高度大，较宽大的孔隙通道毛细上升高度小。最宽大的孔隙通道也被支持毛细水充满的范围，便是毛细饱和带。

毛细饱和带与饱水带虽然所有孔隙都充满了水而饱和，但是前者是因毛细力作用而饱和。若井打到毛细饱和带时，并不出水，只有打到潜水面以下时，井中才会有水。

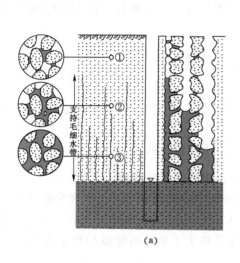 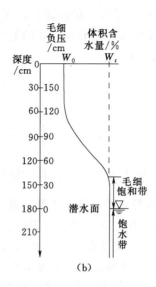

图 6.12　均质土包气带水分稳定时含水量的垂向分布图

（资料来源：张人权等，2011 年）

（a）包气带含水量垂向分布剖面图；（b）包气带含水量垂向分布曲线图

包气带中毛细负压水头 h_c（绝对值）随着含水量的减小而变大，是含水量的函数：

$$h_c = h_c(W) \tag{6.27}$$

这是因为，随着含水量降低，毛细水退缩到孔隙更加细小处，弯液面的曲率增大（曲率半径变小），造成毛细负压水头 h_c（绝对值）增大。

饱水带中，任一特定的均质土层，渗透系数 K 是常数；但在包气带中，渗透系数 K 随含水量降低而迅速减小，其原因是：①含水量降低，实际过水断面随之减少；②含水量降低，水流实际流动途径的弯曲程度增加；③含水量降低，水流在更窄小的孔隙通道中流动，阻力增加。由于上述原因，包气带的渗透系数与含水量呈非线性关系，也是含水量的函数：

$$K = K(W) \tag{6.28}$$

6.3.2　包气带水运动的基本定律

Buchingham 于 1907 年把达西定律拓展应用于包气带，描述了非饱和带水的运动问题[38,42]。垂向一维非饱和带达西定律可表示为（以地面为基准，向下为 z 轴的正方向）

$$v_z = -K(W)\frac{\partial H}{\partial z} \tag{6.29}$$

式中　v_z——垂向渗透流速。

包气带水与饱水带相比，有以下不同：①包气带存在毛细负压或基质势，但饱水带不存在；②包气带任一点的压力水头是含水量的函数，但稳定流条件下饱水带任一点的压力水头是定值；③包气带的渗透系数随含水量的降低急剧变小，但饱水带的渗透系数一般可看作定值。

例如，大气降水入渗补给均质包气带，首先在地表形成一极薄水层（其厚度可忽略），则当活塞式饱和下渗水的前锋到达深度 z 处时，位置水头为 $-z$（取地面为基准，向上为正），湿润锋前锋处弯液面造成的毛细负压水头为 $-h_c$，则任一时刻 t 时的入渗速率，即垂向渗透流速为

$$v_t = K \frac{0-(-z-h_c)}{z} = K \frac{z+h_c}{z} = K\left(1+\frac{h_c}{z}\right) \tag{6.30}$$

初期 z 很小，水力梯度 $\left(1+\dfrac{h_c}{z}\right)$ 很大，故入渗速率 v_t 很大；随着 t 增大，z 变大，$\dfrac{h_c}{z}$ 趋于零，则入渗速率趋于 K，即数值上等于渗透系数 K。

6.3.3 包气带水的数量与能量的关系——土壤水分特征曲线

土壤水负压（或基质势）表征包气带土壤水的能量状态，土壤含水量表征土壤水的数量。土壤水负压是土壤含水率的函数，它们之间的关系曲线称为土壤水分特征曲线或持水曲线，如图 6.13 所示。土壤水分特征曲线反映了土壤水的能量与数量关系，呈非线性关系。土壤含水量越大，负压绝对值越小。

在饱和土壤中施加负压，当负压绝对值较小时，土壤无水排出，土壤含水率维持饱和值；当负压绝对值增加超过某一临界值（图 6.13 中 h_{cc1} 或 h_{cc2} 时，土壤最大孔隙中的水分开始向外排出。该临界负压值称为进气值，即土壤水由饱和转为非饱和时的负压值。随着负压绝对值的增大，较小孔隙中水被排出。不同土质的土壤进气值不同，一般轻质土（如砂土）的土壤进气值较小，重质黏性土壤进气值较大。

实测土壤水分特征曲线不是一个单值函数曲线。相同负压下，排水状态的土壤水分含量大于吸水状态，如图 6.14 所示，这种现象称为土壤水分特征曲线的滞后现象。

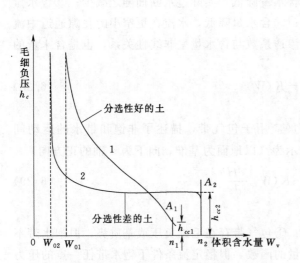

图 6.13 排水过程的土壤水分特征曲线

W_{01}、W_{02}—残留含水量；n_1、n_2—孔隙度；h_{cc1}、h_{cc2}—进气值

（资料来源：张人权等，2011 年）

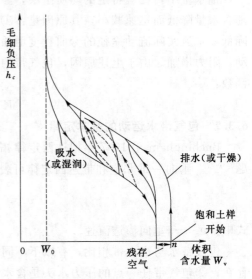

图 6.14 土壤水分特征曲线的滞后现象

W_0—残留含水量；n—孔隙度

（资料来源：张人权等，2011 年）

滞后现象产生的原因十分复杂，简单地说，是由于孔隙大小的不规则性及由此产生的毛细力差异所致。如图 6.15 所示，排水状态下取决于孔喉（较小管径）处的毛细力；而吸水时则主要取决于孔腹（较大管径）处毛细力，孔腹毛细力小于孔喉处毛细力，水面上升至孔腹处毛细力所支撑的最大水柱高度后，就不能进一步上升。反复排水吸水过程中孔隙中截留空气也是产生滞后现象的原因[43]。

土壤水分特征曲线可反映不同土壤的持水和释水特性，也可从中了解给定土类的一些土壤水分常数和特征指标。

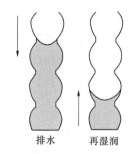

图 6.15　滞后现象
（资料来源：贝尔，1985 年；
张人权，2011 年）

6.4　涉及包气带水的主要领域

包气带是一个多学科问题，水文地质学、水文学、土壤物理学、农田水利学、环境科学与工程、岩土工程等学科领域都涉及包气带问题。虽然各自研究的目的不同，但都研究包气带水分和溶质的分布、运移以及力学问题。

包气带是水文循环的重要场所，为了正确评价某一流域（区域）的水资源，水文学家和水文地质学家通常要研究大气降水-地表水-地下水的相互转化关系，如降水入渗补给、蒸散等过程及其定量表达等。

农田水利工程领域研究包气带水，旨在查明农田水分状况与水盐运动规律，为调控农田水分养分状况，拟定合理的节水灌溉制度、科学的灌水与施肥方式，为改良盐碱地和冷浸田拟定农田排水方案。

环境科学与工程领域研究包气带，主要是查明污染物在包气带的运移、转化与归宿机理，为开展污染物的土地处理、核废料处理、生态建设、土壤修复等环境保护和修复工作服务。

岩土工程领域研究包气带，主要是研究非饱和土的物理力学和物理化学性质，为岩土工程建设服务。

农业是第一用水大户。土壤水是农用水资源最重要的部分，地下水和地表水也只有转化为土壤水后才能被作物利用。有效利用土壤水，是高效利用有限水资源的关键，对于缓解水资源短缺，优化配置水土资源，实现农业的可持续发展具有重要的战略意义[2,44]。

土壤水资源对于农林牧业及生态环境保护具有重要意义。但是，传统水资源评价与规划只考虑地表水和地下水，完全忽略了土壤水。例如，按传统方法计算，年均降水量 500～600mm 的河北平原黑龙港地区亩均水资源只有 117m³（合 175mm），竟然比年均降水 350mm 亩均水资源 252m³ 的以色列还少，这显然是不符合实际的。把所占水资源份额最大、对农业牧业生产起关键作用的土壤水排除在水资源评价内容之外，必然使水资源评价产生很大的偏差。这是长期以来水资源评价的一个误区。

研究土壤水及其有效利用的理论与技术，对于解决缺水区农业生产问题具有重要意义[44]。土壤水有效利用就是要全方位地提高作物产量和水分生产率（单位体积水的作物籽实产量）。除气候条件外，作物品种、耕作方式、土壤类型、土壤水分、养分、温热状况等诸多因素都将综合影响作物产量和水分利用率。同时，这些因素彼此之间是相互作用、相互制约、不可分割的。研究它们的内在规律及其对作物产量和水分利用率的综合效果，构建优化的田间生态环境（土壤水分、养分、温热、透气条件等）是提高作物产量和水分生产率的关键。

思 考 题

1. 从表 6.1 可以看出，土颗粒越细、孔径越小，毛细上升高度越大，那是否颗粒越细，毛细水上升速度也越大？为什么？

2. 在干旱-半干旱地区，砂土、粉砂土、黏土中，哪种土最容易出现盐碱地？为什么？

3. 饱水带和包气带水运动有哪些异同点？

4. 为什么井打到毛细饱和带不出水，而土壤水取样器（用比包气带岩性细很多的饱水陶土头制成密封容器并抽真空）却可以取出包气带水？

5. 包气带渗透系数 K 为什么随含水量降低而迅速减小？

6. 包气带毛细负压水头 h_c 的绝对值为什么随着含水量的减小而变大？

7. 为什么大气降水入渗速率 v_t 开始很大，而随着降水的持续，逐渐减小，最后趋于定值？

8. 用公式表示向上的凹液面、向上的凸液面和平液面内的液体所承受的实际表面压强 P。

扫描二维码阅读
本章数字资源

第7章 地下水的化学成分及其演变

> **学习目标**：掌握地下水中的主要气体成分，了解它们的来源及环境指导意义；掌握地下水中 7 种主要的离子成分（Cl^-、SO_4^{2-}、HCO_3^-、Ca^{2+}、Mg^{2+}、Na^+ 和 K^+）及其来源，以及 7 种离子成分与 TDS 变化的关系；掌握地下水化学成分的形成作用：溶滤作用、浓缩作用、脱碳酸作用、脱硫酸作用、脱硝（氮）作用、阳离子交替吸附作用、混合作用和人类活动作用，及其对地下水化学成分的影响；了解水化学成分表达方式与分类。
>
> **重点与难点**：地下水中 7 种主要的离子成分的来源，7 种离子成分与 TDS 的变化关系；溶滤作用和浓缩作用的过程、结果及影响因素。

7.1 概　　述

地下水不是化学上纯的 H_2O，而是一种复杂的溶液。赋存于不同深度岩土空隙中的地下水，不断与岩土发生化学反应，与大气圈、水圈和生物圈进行水量和化学成分交换。

地下水是良好溶剂，它在渗流沿途不断溶解和搬运岩土组分，并在适当条件下将某些组分从水中沉淀析出。地下水是地球元素迁移、分散与富集的载体，是多种地质过程（岩溶、沉积、成岩、变质、成矿等）的参与者。

地下水化学成分是地下水中各类化学物质的总称，包括离子、气体、有机物、微生物、胶体以及同位素等成分[3,5]。地下水化学成分是地下水与环境（自然环境、地质环境和人类活动）长期相互作用的产物。一个地区地下水化学面貌，反映了该地区地下水的历史演变。研究地下水化学成分，可以帮助我们重塑一个地区的水文地质历史，阐明地下水的起源与形成。人类活动对地下水化学成分的影响，虽然只是悠长地质历史的一瞬间，然而，已经深刻改变了地下水的化学面貌。

地下水化学成分的演变具有时间上的继承性和空间上的差异性，自然地理与地质历史给予地下水化学面貌以深刻影响。因此，不能从纯化学角度，孤立、静止地研究地下水化学成分及其形成过程，必须从地下水与环境长期相互作用的角度，去揭示地下水化学成分演变的内在依据与规律。

由于地下水中存在不同的离子、分子、化合物、气体等成分，使地下水具有各种化学性质。地下水中经常出现、分布最广、含量较多并能决定地下水化学基本类型和特点的元素称为常量元素；地下水中出现较少、分布局限、含量较低的化学元素称为微量元素，它们不决定地下水的化学类型，但却赋予地下水一些特殊性质和功能。

7.2 地下水的化学特征

地下水中含有各种气体、离子、胶体、有机质以及微生物。

7.2.1 主要气体成分

地下水中常见的气体成分有 O_2、N_2、CO_2、CH_4 及 H_2S 等[1,2,5,45]，其中以前 3 种为主。通常，地下水中气体含量不高，每升水中只有几毫克到几十毫克，但意义重要。一方面，气体成分能够说明地下水所处的地球化学环境；另一方面，有些气体会增加地下水溶解某些盐类的能力，促进某些化学反应。

1. 氧（O_2）、氮（N_2）

地下水中的 O_2 和 N_2 主要来源于大气。它们随同大气降水及地表水补给地下水进入地下水。因此，以入渗补给为主，与大气圈关系密切的地下水中含 O_2、N_2 较多。

溶解氧含量多，说明地下水处于氧化地球化学环境。O_2 的化学性质较 N_2 活泼，在较封闭的环境中，O_2 将耗尽而只留下 N_2。因此，N_2 的单独存在，通常可说明地下水起源于大气并处于还原地球化学环境。大气中的惰性气体（Ar、Kr、Xe）与 N_2 的比例恒定，即 $(Ar+Kr+Xe)/N_2=0.0118$。比值等于此数，说明 N_2 是大气起源的；小于此数，则表明地下水中含有生物起源或变质起源的 N_2。

2. 硫化氢（H_2S）、甲烷（CH_4）

地下水中出现 H_2S 和 CH_4，其意义恰好与出现 O_2 相反，说明处于还原地球化学环境。这两种气体的存在，均在与大气隔绝的环境中，存在有机物，且与微生物参与的生物化学过程有关。其中，H_2S 是 SO_4^{2-} 的还原产物。

3. 二氧化碳（CO_2）

地下水中 CO_2 有一部分来源于大气降水和地表水的补给，但其量通常较低。地下水中的 CO_2 主要来源于土壤。有机质残骸的发酵作用与植物的呼吸作用，使土壤中源源不断产生 CO_2，并经溶滤作用进入地下水中。

含碳酸盐类的岩石，在深部高温下，也可变质生成 CO_2：

$$CaCO_3 \xrightarrow{400℃} CaO+CO_2 \tag{7.1}$$

这种情况下，地下水中富含 CO_2，其浓度甚至可高达 1g/L 以上。

化石燃料（煤、石油、天然气等）的大量使用，使大气中人为产生的 CO_2 明显增加。据统计，19 世纪中叶，大气中的 CO_2 的质量分数为 $290×10^{-6}$，而到了 1980 年，由于人为影响，CO_2 的质量分数上升到 $338×10^{-6}$。

地下水中含 CO_2 越多，其溶解碳酸盐岩、对结晶岩进行风化作用的能力就越强。

7.2.2 主要离子成分

7.2.2.1 溶解性总固体（TDS）和总矿化度

1. 溶解性总固体（TDS）

溶解性总固体（Total Dissolved Solids，TDS）是指溶解在水中的无机盐和有机物的总称（不包括悬浮物和溶解气体等非固体组分），单位为 mg/L 或 g/L。将滤除漂浮物及沉降性固体物的 1L 水样在 $105 \sim 110℃$ 下烘干至恒重，剩下的干残渣质量即为溶解性总固体。亦可用阴阳离子总和减去 HCO_3^- 含量的一半来求得（因为蒸干时有近一半的 HCO_3^- 逸失）[46]。

2. 总矿化度

总矿化度又称矿化度，是指溶于地下水中的离子、分子与化合物的总和。将滤除漂浮物及沉降性固体物的 1L 水样，用过氧化氢去除有机物，然后在 $105 \sim 110℃$ 下烘干至恒重，剩下的干残渣质量，再加上 1/2 重碳酸根的含量，即为总矿化度，单位为 mg/L 或 g/L[46]。

总矿化度的概念来自苏联，现在已逐渐用含义更明确的溶解性总固体代替了总矿化度。

地下水按 TDS 和矿化度的分类见表 7.1。

表 7.1 　　　　　　　　　　**按 TDS 对地下水的分类表**

TDS 或矿化度/(g/L)	<1	1~3	3~10	10~50	>50
地下水的分类	淡水	微咸水	咸水	盐水	卤水

7.2.2.2　地下水中主要离子成分及其来源

地下水中常见的、含量较多的离子成分中，阴离子主要有 Cl^-、SO_4^{2-}、HCO_3^-，阳离子主要有 Ca^{2+}、Mg^{2+}、Na^+ 和 K^+。构成这些离子的元素，或者是地壳中含量较高，且较易溶于水的（如 O_2、Ca、Mg、Na、K），或是地壳中含量虽不是很大，但极易溶于水的（Cl、以 SO_4^{2-} 形式出现的 S）。地壳中含量很高的 Si、Al、Fe 等元素，由于难溶于水，在地下水中含量通常不大。

1. 氯离子（Cl^-）

Cl^- 在地下水中广泛分布，其特点是不为植物和细菌摄取；不被岩土颗粒表面吸附；氯盐溶解度大，不易沉淀析出，在水中最为稳定；通常随地下水流程的增加而增大，因而常用来说明地下水化学演变的历程；随 TDS 的增大，其含量增大；其含量在低 TDS 的水中一般仅数毫克到数十毫克每升，而高 TDS 水中可达数克每升乃至百克每升以上。

地下水中的 Cl^- 在主要来源有：

（1）沉积岩中岩盐、其他氯化物的溶解。

（2）岩浆岩中含氯矿物 [氯磷灰石 $Ca_5(PO_4)_3Cl$、方钠石 $Na_4(Al_3Si_3O_{12})Cl$] 的风化溶解。

（3）海水补给地下水，或者海风将细滴的海水带到陆地，使地下水中 Cl^- 增多。

（4）火山喷发物的溶滤。

（5）人为污染，如工业、生活污水及粪便。

2. 硫酸根离子（SO_4^{2-}）

SO_4^{2-} 是天然地下水中含量居中的阴离子。在高 TDS 的地下水中，其含量仅次于 Cl^-，可达数克每升，个别达数十克每升；在中 TDS 的水中，是含量最多的阴离子；在低 TDS 水中，一般含量仅数毫克每升到数百毫克每升。

硫以还原态金属硫化物的形式广泛分布在火成岩中。当硫化物与含氧的水接触时便被氧化，生成 SO_4^{2-}；火山喷气中的 SO_2 及一些泉水中的 H_2S 也可被氧化为 SO_4^{2-}；沉积岩中的石膏（$CaSO_4 \cdot 2H_2O$）和无水石膏（$CaSO_4$）是天然水中 SO_4^{2-} 重要来源；含硫的动植物残体分解也影响着天然水中的 SO_4^{2-} 的含量；化石燃料的大量使用提供了人为产生的 SO_2 和 SO_3，其与水作用形成硫酸及亚硫酸进入降水，形成酸雨。因此，地下水中来源于酸雨的 SO_4^{2-} 也不可忽视；在还原条件下，SO_4^{2-} 不稳定，可被细菌还原为自然硫和 H_2S。

3. 重碳酸根离子（HCO_3^-）

HCO_3^- 是淡水中的主要成分。地下水中 HCO_3^- 的含量一般不超过数百毫克每升，HCO_3^- 是低 TDS 水的主要阴离子成分。

地下水中的 HCO_3^- 首先来自含碳酸盐的沉积岩与变质岩（如大理岩）的溶滤，例如：

$$CaCO_3 + H_2O + CO_2 \longrightarrow 2HCO_3^- + Ca^{2+} \tag{7.2}$$

$$CaMg(CO_3)_2 + 2H_2O + 2CO_2 \longrightarrow 4HCO_3^- + Mg^{2+} + Ca^{2+} \tag{7.3}$$

$CaCO_3$ 和 $CaMg(CO_3)_2$ 是难溶于水的，当水中有 CO_2 存在时，才有一定数量溶于水。

其次，岩浆岩与变质岩区，HCO_3^- 主要来源于铝硅酸盐矿物的风化溶滤，例如：

$$2NaAlSi_3O_8 + 2CO_2 + 3H_2O \longrightarrow 2HCO_3^- + 2Na^+ + H_4Al_2Si_2O_9 + 4SiO_2 \tag{7.4}$$
（钠长石）

$$CaO \cdot Al_2O_3 \cdot 2SiO_2 + 2CO_2 + 3H_2O \longrightarrow 2HCO_3^- + Ca^{2+} + H_4Al_2Si_2O_9 \tag{7.5}$$
（钙长石）

4. 钙离子（Ca^{2+}）

Ca^{2+} 是低 TDS 水中的主要阳离子，其含量一般不超过数百毫克每升。在高 TDS 水中，当阴离子主要是 Cl^- 时，因 $CaCl_2$ 的溶解度相当大，故 Ca^{2+} 的绝对含量显著增大，但通常仍远低于 Na^+。

地下水中的 Ca^{2+} 来源于碳酸盐类沉积物及含石膏沉积物的溶滤，以及岩浆岩、变质岩中含钙矿物的风化溶滤。

5. 镁离子（Mg^{2+}）

Mg^{2+} 存在于所有天然地下水中，其来源及在地下水中的分布与 Ca^{2+} 相近。Mg^{2+} 在低 TDS 水中含量通常低于 Ca^{2+}，不构成地下水中的主要阳离子，一般很少见到以 Mg^{2+} 为主要阳离子的天然水（淡水中阳离子通常以 Ca^{2+} 为主，咸水中阳离子以 Na^+ 为主），部分原因是由于地壳组成中 Mg^{2+} 比 Ca^{2+} 少。碱性岩浆岩中的地下水，含 Mg^{2+} 较高。在大多数水中，其含量一般为 $1\sim40mg/L$。

Mg^{2+} 主要来源于含镁的碳酸盐类沉积岩（白云岩、泥灰岩）；此外，还来自岩浆岩、变质岩中含镁矿物的风化溶滤：

$$CaMg(CO_3)_2 + 2H_2O + 2CO_2 \longrightarrow 4HCO_3^- + Mg^{2+} + Ca^{2+} \tag{7.6}$$

$$(Mg \cdot Fe)SiO_4 + 2H_2O + 2CO_2 \longrightarrow MgCO_3 + FeCO_3 + Si(OH)_4 \tag{7.7}$$

6. 钠离子（Na^+）

Na^+ 在低 TDS 水中含量一般很低，仅数毫克每升到数十毫克每升，但在高 TDS 水中则是主要的阳离子，含量最高可达数十克每升。

Na^+ 来自沉积岩中岩盐及其他钠盐的溶滤，还可来自海水。在岩浆岩和变质岩地区，则来自含钠矿物的风化溶滤。酸性岩浆岩中有大量含钠矿物（钠长石等），因此，在 CO_2 和 H_2O 的参与下，将形成低 TDS 以 Na^+ 及 HCO_3^- 为主的地下水。由于 Na_2CO_3 的溶解度比较大，故当阳离子以 Na^+ 为主时，水中 HCO_3^- 的含量可超过与 Ca^{2+} 伴生时的上限。

7. 钾离子（K^+）

K^+ 的来源以及在地下水中的分布特点，与钠相近。其来自含钾盐类沉积岩的溶滤，以及岩浆岩、变质岩中含钾矿物的风化溶滤。在低 TDS 水中含量甚微，而在高 TDS 水中较多。虽然在地壳中钾的含量与钠相近，钾盐的溶解度也相当大。但是，在地下水中 K^+ 的含量要比 Na^+ 少得多，原因是 K^+ 大量参与形成不溶于水的次生矿物（水云母、蒙脱石、绢云母等），并易为植物所摄取。

由于 K^+ 的性质与 Na^+ 相近，含量少，所以，在水化学分类时，多将 K^+ 归并到 Na^+ 中，不另区分。

7.2.2.3 地下水中的主要离子成分与 TDS 的关系

一般情况下，随着 TDS 变化，地下水中的主要离子成分也随之发生变化。低 TDS 地下水中常以 HCO_3^- 及 Ca^{2+}、Mg^{2+} 为主；高 TDS 地下水则以 Cl^- 及 Na^+ 为主；中等 TDS 地下水中，阴离子常以 SO_4^{2-} 为主，阳离子则可以是 Na^+，也可以是 Ca^{2+}。

地下水的 TDS 与离子成分间之所以具有这种对应关系，主要原因是各种盐类在地下水中的溶解度不同（表 7.2）。盐类溶解度还受其他因素的影响（如 $CaCO_3$ 及 $MgCO_3$ 的溶解度随水中 CO_2 含量增加而增大），表 7.2 只是提供了一般情况下常见盐类的溶解度。

表 7.2　　　　地下水中常见盐类的溶解度（20℃，标准大气压，pH＝7）　　　单位：g/L

盐类	溶解度	盐类	溶解度
NaCl	359	$MgSO_4$	337
KCl	342	$CaSO_4$	2.55
$MgCl_2$	456	Na_2CO_3	215
$CaCl_2$	745	$MgCO_3$	0.39
K_2SO_4	111	$CaCO_3$	6.17×10^{-3}
Na_2SO_4	195		

资料来源：维基百科。

总的来说，氯化物的溶解度最大，硫酸盐次之，碳酸盐较小。钙、镁的碳酸盐，溶解度最小。随着 TDS 增大，钙、镁的碳酸盐首先达到饱和并沉淀析出，继续增大时，钙的硫酸盐也饱和并沉淀析出，因此，TDS 高的水中便以易溶的氯和钠占优势。但氯化钙的溶解度更大，TDS 异常高的地下水中以氯和钙为主。

7.2.3 环境同位素

每一种元素原子核中的质子数是一定的，此质子数即为该元素的原子序数。原子的质量数（原子量）以原子核中的质子数及中子数的总和表示。某一元素，具有原子序数相同而原子量不同（由中子数不同引起）的几种原子，这些具有相同质子数，而中子数不同的几种原子，互为同位素[47]。

自然界的元素有多种同位素，如 O 有 3 种天然同位素，即 ^{16}O、^{17}O、^{18}O，H 有 3 种天然同位素，即 ^{1}H、^{2}H、^{3}H，C 有 3 种天然同位素，即 ^{12}C、^{13}C、^{14}C。同位素分为放射性同位素和稳定同位素，^{3}H、^{14}C 是放射性同位素，^{1}H、^{2}H、^{16}O、^{17}O、^{18}O、^{12}C、^{13}C 是稳定同位素。

在地下水研究中，可利用放射性环境同位素测定地下水的年龄（地下水在含水层中运动和储存的时间）。其原理是放射性同位素处于不断地衰变中，衰变速度不依温度、压力或元素的化学组成状态而变化，一种放射性同位素的半衰期是一个常数，据此可以测定地下水的年龄。常用测定地下水年龄的放射性同位素是 ^{3}H 和 ^{14}C 等[47]。

利用稳定环境同位素可以研究地下水的起源与形成过程，因为同一元素的同位素由于其质量有一定的差别，故其原子或化合物的活性也有所不同，从而使轻的与重的同位素在某些物理变化过程中（如蒸发、凝结、扩散等）以及化学反应中发生分异，如蒸发时重同位素（^{2}H、^{18}O）不易逸出，在液态水中相对富集；凝结时，重同位素（^{2}H、^{18}O）容易凝结，液态水中也相对富集。这种现象称为同位素的分馏现象。天然水在凝结和蒸发过程中，由于同位素的分馏作用，在气液两相中氢、氧同位素的含量不同。因此，可以根据水中同位素的组成来进行多方面的研究[47]。

由于陆地地形、温度等变化，降水中的 ^{2}H 和 ^{18}O 丰度变化幅度较大，降水中氢氧重同位素含量分布存在以下三种效应[47]：

（1）海拔效应：降水中的 ^{2}H 和 ^{18}O 含量随地形海拔高度的增加而下降，重同位素的含量大致与气温成正比。

（2）纬度效应：降水中的 ^{2}H 和 ^{18}O 含量随纬度增高而降低，这是由于年平均气温随纬度的增高而降低导致的。

（3）陆地效应：降水中的 ^{2}H 和 ^{18}O 含量由海岸向大陆方向下降。

一般认为，地下水中的同位素组成应与其补给源一致，由降水补给的地下水，其同位素组成应该与降水一致。地下水在渗流过程中的同位素分馏是可以忽略的，因此可以利用地下水中的同位素进行补给来源分析[47]。

7.2.4 其他组分

除了以上主要离子成分外，地下水中还有一些次要离子，如 H^{+}、Fe^{2+}、Fe^{3+}、Mn^{2+}、NH_4^{+}、OH^{-}、NO_2^{-}、NO^{-}、CO_3^{2-}、SiO_3^{2-} 及 PO_4^{3-} 等。地下水中 Fe^{2+}、Fe^{3+}、Mn^{2+} 含量超标多数是由于含水层原生铁、锰含量较高所致。三氮（NH_4^{+}、NO_2^{-}、NO^{-}）含量增高多数是由于人类污染所致，特别是大量使用化肥所致。

地下水中的微量组分有 Br、I、F、Ba、Li、Sr、Se、Co、Mo、Cu、Pb、Zn、B、As 等。微量元素除了说明地下水的来源外，其含量过高或过低，都会影响人体健康。

地下水中以未离解的化合物构成的胶体主要有 $Fe(OH)_3$、$Al(OH)_3$、H_2SiO_3 等。

有机质也经常以胶体方式存在于地下水中。有机质的存在，常使地下水的酸度增加，有利于还原作用。

地下水中还存在各种微生物。例如，在氧化环境中存在硫细菌、铁细菌等；在还原环境中存在脱硫酸细菌等；此外，在污染水中还存在致病细菌。

7.3 地下水中的微生物

地下水中还存在各种微生物。未经污染的含水系统中，微生物每克干重的细胞数为 $10^5 \sim 10^7$，低于土壤、包气带及地表水。地下水中的微生物以细菌为主，常见的还有单细胞原生动物及真菌；在可溶性岩中还可有藻类。微生物通常以胶体形式吸附于颗粒或裂隙表面，是氧化-还原反应的触媒，通过代谢水溶有机物获得能量，赖以生存及繁殖[48,49]。

地下水中的微生物，主要有以下作用：①参与地下水化学成分形成作用，改变地下水组分；②生物修复地下水污染；③改变含水介质特性；④参与成岩作用；⑤参与成矿作用[49,50]。

微生物是氧化-还原作用的触媒。氧化-还原反应时，电子供体失去电子，化合价升高，形成氧化产物；电子受体获得电子，化合价降低，形成还原产物；许多地下水化学成分形成作用是生物地球化学过程，都有微生物的参与。例如，脱硫酸作用：

$$SO_4^{2-} + 2C + 2H_2O \longrightarrow H_2S \uparrow + HCO_3^- \tag{7.8}$$

脱硫酸细菌促进氧化-还原反应，使作为电子供体的有机物 C 失去电子，成为 C^{4+}；作为电子受体的 S，由 S^{6+} 还原为 S^{2-}。此外，碳酸盐及硅酸盐的溶解和沉淀，都有微生物的参与[50]。氧化铁和氧化硫的硫杆菌能促进黄铁矿氧化，增加水中的硫酸根离子[49]。郭华明等[51]根据水分析及室内研究得出，微生物作用下，Fe、Mn 氧化物还原性溶解，导致 As 从沉积物释放，是高砷地下水形成的主要原因之一。

污染地下水的生物修复，是最具有潜力的污染修复方式。微生物主要起两种作用：①作为触媒使有机污染物氧化为二氧化碳而降解；②能够吸附重金属离子，通过触媒作用还原或氧化金属和准金属而改变其活性[49,50]。

可溶岩喀斯特化（岩溶化）一直被认为是化学作用的结果，现在发现，存在多种微生物的生物化学作用，影响碳酸盐的溶解与沉淀。微生物代谢产生有机酸，促进岩溶发育；硫化物氧化菌可将地下水中的硫化氢、硫及硫化物氧化成硫酸，促进碳酸盐岩溶解[49]，这一作用可能是深部岩溶发育的一种机制。微生物代谢产生水溶无机碳，也可促进可溶岩溶解[50]。当微生物代谢形成碱性环境时，碳酸盐将发生沉淀；另外，微生物可作为碳酸盐沉淀的晶核，形成洞穴沉积[49]。某些砂岩含水层的补给区，由于邻接相对隔水层中含有大量有机碳，在微生物影响下形成有机酸，使砂层产生次生孔隙，透水性增大；在径流区，碳酸盐饱和，开始出现方解石胶结；排泄区的砂层有 50% 的孔隙被方解石填充，透水性显著降低[50]。以同样的机制，在微生物影响下，可形成某些氧化物、磷酸盐、硫化物及硅酸盐矿物，许多沉积岩其实是微生物岩[49]。

微生物在成矿中发挥重要作用。微生物改造有机质生成油气，早已得到证实。微生物形成金属矿床的机理在于两方面：①带负电荷的微生物细胞表面能键合金属离子，被键合的金属离子与阴离子反应，形成盐类沉淀；②微生物代谢有机物形成有利于矿床堆积的物理化学环境。已知的与微生物成矿有关的矿床有铜、铅、锌、钼、钒、汞等的沉积矿床[52]。洋脊海底形成的"黑烟囱"，则说明微生物在热液成矿中发挥了作用。

微生物几乎参与了所有的地质过程，原先认为是无机的地质作用，其实都是有机的[22,52]。地质微生物学作为一门交叉学科正在蓬勃兴起，对于解决水文地质学面对的理论及实际问题，有着难以估量的意义，水文地质工作者需要拓展视野，参与地质微生物的探索与发展。

7.4 地下水的温度

地壳表层有两个热能来源：一个是太阳的辐射，另一个是来自地球内部的热流。根据受热源影响的情况，地壳表层可分为变温带、常温带和增温带三个带。

变温带是受太阳辐射影响的地表极薄的带。由于太阳辐射能的周期变化，本带呈现地温昼夜变化和季节变化。地温的昼夜变化只影响地表以下 $1 \sim 2m$ 的深处。变温带的深度一般为 $15 \sim 30m$。

变温带以下是一个厚度极小的常温带，地温年变化小于 $0.1℃$。地温一般比当地年平均气温高出 $1 \sim 2℃$。在粗略计算时，可将当地的多年平均气温作为常温带地温。

常温带以下，地温受地球内热影响，通常随深度加大而有规律地升高，这便是增温带。

增温带中的地温变化可用地温梯度表示。地温梯度是指每增加单位深度时地温的增值，一般以 $℃/100m$ 为单位。

地下水的温度受其赋存与循环所处的地温控制。处于变温带中浅埋地下水显示微小的水温季节变化。常温带的地下水水温与当地年平均气温很接近。这两带的地下水，常给人以"冬暖夏凉"的感觉。增温带的地下水随其赋存与循环深度的加大而提高，成为热水甚至蒸汽。如西藏羊八井地热田，$1850m$ 深处获得最高温度为 $329.8℃$ 的热水与蒸汽[53]。

已知年平均气温（t）、年常温带深度（h）、地温梯度（r），可粗略计算某一深度（H）的地下水水温（T），即

$$T = t + (H - h)r \tag{7.9}$$

同样，利用地下水水温，可以推算其大致循环深度（H），即

$$H = \frac{T - t}{r} + h \tag{7.10}$$

地温梯度的平均值约为 $3℃/100m$，通常变化于 $1.5 \sim 4℃/100m$ 之间，但个别新火山活动区可以很高。

7.5 地下水化学成分的形成作用

水文地球化学作用是在一定地球化学环境下，影响地下水化学成分的形成、迁移和演变作用[1,5,24,45]。

地下水化学成分的形成作用主要有溶滤作用、浓缩作用、脱碳酸作用、脱硫酸作用、脱硝（氮）作用、阳离子交替吸附作用、混合作用和人类活动作用。

7.5.1 溶滤作用

溶滤作用是指地下水与岩土相互作用，使岩土中一部分物质转入地下水中的作用过程。溶滤作用的结果是岩土失去了一部分可溶物质，地下水中则补充了新的成分。溶滤作

用包括溶解作用和水解作用。

溶解作用是指岩土中的矿物遇水后不同程度地溶解到水中并成为水中离子成分的过程。

H_2O 是由一个带负电的 O^{2-} 和两个带正电的 H^+ 组成的。由于 H^+ 和 O^{2-} 分布不对称（图 7.1），在接近 O^{2-} 一端形成负极，H^+ 一端形成正极，成为偶极分子。岩土与水接触时，组成矿物晶格的盐类离子，被水分子带相反电荷的一端所吸引，当水分子对离子的引力足以克服晶格中离子间的引力时，离子脱离晶格，被水分子所包围，溶入水中（图 7.2）。

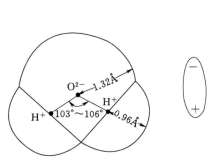

图 7.1 水分子结构示意图
（资料来源：张人权，2011 年）
$1\text{Å} = 10^{-10}\text{m} = 0.1\text{nm}$

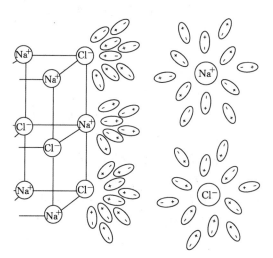

图 7.2 水溶解盐类过程示意图
（资料来源：张人权，2011 年）

实际上，矿物盐类与水溶液接触，同时发生两种方向相反的作用：一种是溶解作用，离子由晶格转入水中；另一种是结晶作用，离子从溶液固着于晶格中。开始时溶解作用强，随着溶液中盐类离子增加，结晶作用加强，溶解作用减弱。当同一时间内溶解与结晶析出的量相等时，溶液达到了饱和，此时，溶液中某种盐类的含量称为其溶解度。

不同的矿物盐类，晶格中离子间吸引力的大小不同，因而具有不同的溶解度。随着温度上升，晶格内离子的振荡运动加剧，离子间引力削弱，水的极化分子易于将离子从晶格上拉出。因此，一般盐类溶解度通常随温度上升而增大（图 7.3）。但是，某些盐类例外，例如，$Na_2SO_4 \cdot 10H_2O$ 在温度上升时，由于结晶水逸出，转化为 Na_2SO_4，离子间引力增大，溶解度

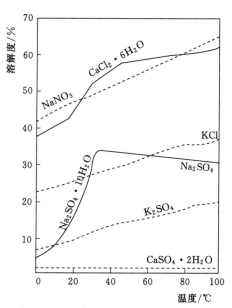

图 7.3 盐类溶解度与温度的关系
（资料来源：张人权，2011 年）

75

反而降低；$CaCO_3$ 及 $MgCO_3$ 的溶解度也随温度上升而降低，这与下面将要提及的脱碳酸作用有关。

水解作用是地下水与岩土相互作用下，组成岩土矿物的晶格中发生阳离子被水中氢离子取代的过程。

溶滤作用的强度，取决于以下一系列因素。

（1）组成岩土的矿物盐类的溶解度。显然，含盐岩沉积物中的 NaCl 易溶，而以 SiO_2 为主要成分的石英岩则很难溶于水。

（2）岩土的空隙特征。缺乏裂隙的致密基岩，水与矿物盐类难以接触，因而溶滤作用很难发生。

（3）水的溶解能力。水对某种盐类的溶解能力随此盐类浓度的增加而减弱。某一盐类的浓度达到其溶解度时，水对此盐类便失去溶解能力。因此，总的来说，TDS 低的水溶解能力强，而 TDS 高的水溶解能力弱。

（4）水中溶解气体 CO_2、O_2 等的含量，决定着对某些盐类的溶解能力。水中 CO_2 含量越高，溶解碳酸盐及硅酸盐的能力越强；O_2 的含量越高，溶解硫化物的能力越强。

（5）水的流动状况。流动停滞的地下水，随着时间推移，水中溶解盐类增多，CO_2、O_2 等气体耗失，最终将失去溶解能力，溶滤作用便告终止。地下水流动迅速时，含有大量 CO_2 和 O_2 的低 TDS 的大气降水和地表水，不断入渗更新含水层中原有的溶解能力降低的水，地下水便经常保持强的溶解能力，岩土中的组分不断向水中转移，溶滤作用持续进行。

由此可知，地下水的径流与交替强度是决定溶滤作用强度的最活跃、最关键的因素。那么，是否溶滤作用越强烈，地下水中的化学成分含量就越高呢？实际情况恰恰与此相反！

溶滤作用不同于纯化学的溶解过程，溶滤作用具有时间上的阶段性和空间上的差异性，是一定自然地理和地质环境下的历史过程。

从时间上来说，自然界的溶滤作用有悠长的历史。对溶滤作用强烈的地区来说，设想岩层中原来有氯化物、硫酸盐、碳酸盐及硅酸盐等各种矿物盐类。开始阶段，氯化物最容易由岩层转入水中，而成为地下水的主要化学成分；随着溶滤作用延续，岩层含有的氯化物不断转入水中而贫化，此时相对易溶的硫酸盐转入水中，成为地下水的主要化学成分；溶滤作用长期持续，岩层中保留下来的几乎只是难溶的碳酸盐及硅酸盐，地下水的化学成分当然也就以碳酸盐及硅酸盐为主了。因此，一个地区经受的溶滤作用越强烈，地下水的 TDS 越低，越是以难溶离子为主要成分。

从空间上来说，溶滤作用呈现较强的空间差异性。气候越是潮湿多雨、地形切割越强烈、地质构造开启越好、岩层导水能力越强、地下径流与交替越强烈的区域，岩层经受的溶滤作用越强烈，结果，易溶盐类基本已溶滤充分，地下水的 TDS 也就越低，难溶离子含量相对越高。

7.5.2　浓缩作用

浓缩作用是指在强烈的蒸散排泄作用下，地下水中的盐分不断聚集，TDS 不断增大，溶解度小的盐分逐渐达到饱和而沉淀析出的作用过程。

流动的地下水，将溶滤获得的成分从补给区输运到排泄区。在干旱半干旱地区的平原与盆地的低洼处，地下水水位埋藏不深，蒸散成为地下水的主要排泄去路。由于蒸散作用只排走水分，盐分仍保留在余下的地下水中，随着时间延续，地下水溶液逐渐浓缩，TDS不断增大。与此同时，随着浓度增加，溶解度较小的盐类在水中相继达到饱和而沉淀析出，易溶盐类的离子逐渐成为主要成分。

设想未经蒸散浓缩以前，地下水为低 TDS 水，阴离子以 HCO_3^- 为主，居第二位的是 SO_4^{2-}，Cl^- 的含量很小；阳离子以 Ca^{2+}、Mg^{2+} 为主。随着蒸散浓缩，溶解度小的钙、镁的重碳酸盐部分析出，SO_4^{2-} 和 Na^+ 逐渐成为主要成分。继续浓缩，水中硫酸盐达到饱和并开始析出，便将形成以 Cl^-、Na^+ 为主的高 TDS 水。

发生浓缩作用必须同时具备下述条件：干旱或半干旱的气候，低平地势控制下较浅的地下水水位埋深，有利于毛细作用的颗粒细小的松散岩土；地下水流动系统的汇势——排泄区，因为只有水流源源不断地向某一区域汇集，才能带来大量盐分。在干旱气候下，蒸散浓缩作用的规模从根本上说取决于地下水流动系统的空间尺度及其持续的时间尺度。

当上述条件都具备时，蒸散浓缩作用十分强烈，有时可以形成卤水。例如，准噶尔盆地西部的艾比湖，湖水由地下水补给再经蒸发浓缩，TDS 为 $92 \sim 137g/L$，阴离子以 SO_4^{2-} 及 Cl^- 为主，阳离子以 Na^+ 为主[54]。

浓缩作用不仅使地下水的 TDS 提高，也使水的化学（成分）类型发生改变。

7.5.3 脱碳酸作用

脱碳酸作用是指在温度升高、压力降低的情况下，一部分 CO_2 便成为游离 CO_2 从水中逸出，使地下水中 HCO_3^-（CO_3^{2-}）的浓度降低的作用过程。脱碳酸的结果，$CaCO_3$ 及 $MgCO_3$ 沉淀析出，地下水中 HCO_3^- 及 Ca^{2+}、Mg^{2+} 减少，TDS 降低：

$$Ca^{2+} + 2HCO_3^- \longrightarrow CO_2 \uparrow + H_2O + CaCO_3 \downarrow \tag{7.11}$$

$$Mg^{2+} + 2HCO_3^- \longrightarrow CO_2 \uparrow + H_2O + MgCO_3 \downarrow \tag{7.12}$$

深部地下水上升成泉，泉口往往形成钙化，便是脱碳酸作用的结果。温度及压力较高的深层地下水，上升排泄时发生脱碳酸作用，Ca^{2+}、Mg^{2+} 从水中析出，阳离子通常转变为以 Na^+ 为主。

7.5.4 脱硫酸作用

脱硫酸作用是指在还原地球化学环境以及在有机质存在的条件下，脱硫酸细菌使 SO_4^{2-} 还原为 H_2S 气体的作用过程，即

$$SO_4^{2-} + 2C + 2H_2O \longrightarrow H_2S \uparrow + HCO_3^- \tag{7.13}$$

脱硫酸作用的结果使地下水中 SO_4^{2-} 减少以至消失，HCO_3^- 增加，pH 值变大。

封闭的地质构造，如储油构造，是产生脱硫酸作用的有利环境。因此，某些油田水中出现 H_2S 气体，而 SO_4^{2-} 含量很低。这一特征可作为寻找油田的辅助标志。

7.5.5 脱硝（氮）作用

脱硝（氮）作用是指地下水中的氮氧化合物在去氮细菌的作用下分解为亚硝酸盐和硝酸盐，最后排出氮气的作用过程。

脱硝（氮）作用结果使地下水中富含 N_2 和 CO_2。

7.5.6　阳离子交替吸附作用

阳离子交替吸附作用是指带有负电荷的岩土颗粒，吸附地下水中的某些阳离子，而将原来吸附的部分阳离子转为地下水中组分的作用过程。

不同的阳离子，其吸附于岩土表面的能力不同，按吸附能力，自大而小顺序为：$H^+ > Fe^{3+} > Al^{3+} > Ca^{2+} > Mg^{2+} > K^+ > Na^+$。离子价越高，离子半径越大，水化离子半径越小，则吸附能力越大，H^+ 则是例外。

当含 Ca^{2+} 为主的地下水，进入主要吸附有 Na^+ 的岩土时，水中的 Ca^{2+} 便置换岩土所吸附的一部分 Na^+，使地下水中 Na^+ 增多而 Ca^{2+} 减小。

地下水中某种离子的相对浓度增大，则该种离子的交替吸附能力（置换岩土所吸附的离子的能力）也随之增大。例如，当地下水中以 Na^+ 为主，而岩土中原来吸附有较多的 Ca^{2+}，那么，水中的 Na^+ 将反过来置换岩土吸附的部分 Ca^{2+}。海水侵入陆相沉积物时，就是如此。

显然，阳离子交替吸附作用的规模取决于岩土的吸附能力，而后者决定于颗粒的比表面积。颗粒越细，比表面积越大，交替吸附作用越强。因此，黏土及黏土岩类最容易发生交替吸附作用，而在致密的结晶岩中，不会发生这种作用。

交替吸附作用能改变地下水的成分和土的性质。例如，$HCO_3 - Ca$ 型水渗过吸附有大量的 Na^+ 的碱土时，Ca^{2+} 交替 Na^+，水就变为 $HCO_3 - Na$ 型水，从而碱土变为钙质土。

7.5.7　混合作用

混合作用是指成分不同的两种水汇合在一起，形成化学成分不同的地下水的作用过程。混合作用有化学混合及物理混合两类：前者是两种成分发生化学反应，形成化学类型不同的地下水；后者只是机械混合，并不发生化学反应[55]。

海滨、湖畔或河边，地表水往往混入地下水中；深层地下水补给浅部含水层时，则发生两种地下水的混合。

混合作用的结果，可能发生化学反应而形成化学类型完全不同的地下水。例如，当以 SO_4^{2-}、Na^+ 为主的地下水，与 HCO_3^-、Ca^{2+} 为主的水混合时，发生反应：

$$Ca(HCO_3)_2 + Na_2SO_4^{2-} \longrightarrow CaSO_4 \downarrow + 2NaHCO_3 \tag{7.14}$$

硫酸钙沉淀析出，便形成以 HCO_3^-、Na^+ 为主的地下水。

两种水的混合也可能不产生化学反应，例如，高 TDS 的氯化钠型海水混入低 TDS 的重碳酸钙镁型地下水，便是如此。此时，混合水的 TDS 与化学类型取决于参与混合的两种水的成分及其混合比例。

7.5.8　人类活动对地下水化学成分的影响

人类活动对地下水化学成分的影响，虽然只是悠长地质历史的一瞬间，但已经深刻改变了地下水的化学面貌。人类活动对地下水化学成分的影响表现在以下两个方面。

（1）人类生活与生产活动产生的废弃物污染地下水，而造成对地下水化学成分的影响。例如，工业生产的废气、废水与废渣以及农业上大量使用化肥农药，使天然地下水富集了原来含量很低的有害物质（酚、氰、汞、砷、铬、亚硝酸等）。

（2）人类大规模的水事活动改变了地下水形成条件，从而引起地下水化学成分发生变化。例如，在滨海地区过量开采地下水引起海水入侵；不合理的打井采水使咸水运移；干旱半干旱地区不合理的引入地表水灌溉，会使浅层地下水水位上升，引起大面积次生盐碱化，并使浅层地下水变咸；原来分布地下咸水的地区，通过挖渠打井，降低地下水水位，使排泄去路由原来的蒸散排泄为主改为径流排泄，从而逐步使地下水水质淡化；在地下咸水分布区，引来区外淡的地表水，合理补给地下水，也可使地下水变淡。

7.6 地下水基本成因类型及其化学特征

不同领域学者，目前得出了比较一致的结论：地球中的水圈是原始地壳生成后，氢和氧随同其他易挥发成分从地球内部层圈逸出而形成的。因此，地下水起源于地球深部层圈。

从形成地下水化学成分的基本组分出发，其成因类型主要有 3 种：溶滤水、沉积水和内生水。

7.6.1 溶滤水

溶滤水是指富含 CO_2 与 O_2 的水渗入补给并溶滤其所流经的岩土而获得其主要化学成分的地下水。实际上乃是直接源自大气的地下水。其成分受岩性、气候、地形地貌等因素的影响。在大范围内，受气候控制而有分带性。

岩性对溶滤水的影响是显而易见的。石灰岩、白云岩分布区的地下水，HCO_3^-、Ca^{2+}、Mg^{2+} 为其主要成分。含石膏的沉积岩区，水中 SO_4^{2-} 与 Ca^{2+} 均较多。酸性岩浆岩地区的地下水，大都为 $HCO_3 - Na$ 型水。基性岩浆岩地区，地下水中常富含 Mg^{2+}。煤系地层分布区与金属矿床分布区多形成硫酸盐水。

但是，如果认为地下水流经什么岩土，必定具有何种化学成分，那就把问题过分简单化了。岩土的各种组分，其迁移能力各不相同。在潮湿气候下，原来含有大量易溶盐类（如 $NaCl$、$CaSO_4$）的沉积物，经过长时期充分溶滤，易迁移的离子淋洗比较充分，到后来地下水能溶滤的主要是难以迁移的组分（如 $CaCO_3$、$MgCO_3$、SiO_2 等）。因此，在潮湿气候区，尽管原来地层中所含的组分很不相同，有易溶的与难溶的，但其浅表部在丰沛降水的充分溶滤下，最终浅层地下水很可能都是低 TDS 的重碳酸水，难溶的 SiO_2 在水中占到相当比重。另一方面，干旱气候条件下的平原盆地排泄区，地下水将盐类不断携来，水分不断蒸散，浅部地下水中盐分不断积累，不论其岩性有何差异，最终都将形成高TDS 的氯化水。从大范围来说，溶滤作用主要受控于气候，显示受气候控制的分带性。

地形因素往往会干扰气候控制的分带性，这是因为在切割强烈的山区，流动迅速、流程短的局部地下水系统发育。地下水径流条件好，水交替迅速，即使在干旱地区也不会发生浓缩作用，常形成低 TDS 的以难溶离子为主的地下水。地势低平的平原与盆地，地下水径流微弱，水交替缓慢，地下水的 TDS 则略高。

干旱地区的山间堆积盆地，气候、岩性、地形表现为统一的分带性，地下水化学分带也最为典型。山前地区气候相对湿润，颗粒比较粗大，地形坡度也大；向盆地中心，气候转为十分干旱，颗粒细小，地势低平。因此，在溶滤-浓缩共同作用下，可形成典型水化学分带，其特点为：盆地边缘洪积扇顶部为低 TDS 重碳酸盐水，过渡地带为中等 TDS 硫酸盐水，盆地中心则是高 TDS 的氯化物水。

绝大部分地下水属于溶滤水。这不仅包括潜水，也包括大部分承压水。位置较浅或构造开启性好的含水系统，由于其径流路径短，流动相对较快，溶滤作用发育，多形成低TDS 的重碳酸盐水。构造较为封闭的，位置较深的含水系统，则形成 TDS 较高，易溶离子为主的地下水。同一含水系统的不同部位，由于径流条件与流程长短不同，水交替程度不用，从而出现水平的或垂向的水化学分带。

7.6.2 沉积水

沉积水是指在沉积过程中保存于沉积物空隙中的水，即与沉积物大体同时形成的、由古地表水演变而成的古地下水。

河、湖、海相沉积物中的水具有不同的原始成分，在漫长的地质过程中水又经历一系列复杂的变化，因此可能具有不同的化学组分。下面以海相淤泥沉积水为例进行说明。

海相淤泥中通常含有大量有机质和各种微生物，处于缺氧环境，有利于生物化学作用。

海水是含盐量接近 35g/L 的氯化钠型水 $\left[M_{35}\dfrac{Cl_{90}}{Na_{77}Mg_{18}}, \dfrac{mEq(Na)}{mEq(Cl)}=0.85, \dfrac{Cl}{Br}=29.3\right]$[❶]。经历一系列变化后，海相淤泥沉积水与海水相比有以下区别：①含盐量很高，最高可达 300g/L；②SO_4^{2-} 减少乃至消失；③Ca^{2+} 相对含量增大，Na^+ 相对含量减少；④富集溴化物、碘化物。碘化物的含量升高尤为显著，$\dfrac{Cl}{Br}$ 变小；⑤出现硫化氢、甲烷、铵、氮；⑥pH 值增高。

海相沉积水含盐量的增大，一般认为是海水蒸发浓缩所致。

脱硫酸作用使原始淤泥水中的 SO_4^{2-} 减少以至消失，出现 H_2S，水中 HCO_3^- 增加，pH 值提高。

HCO_3^- 增加与 pH 值提高，使一部分 Ca^{2+}、Mg^{2+} 与 HCO_3^- 作用生成 $CaCO_3$ 与 $MgCO_3$ 沉淀析出，Ca^{2+} 与 Mg^{2+} 减少。

水中 Ca^{2+} 与 Mg^{2+} 减少，水与淤泥间阳离子吸附平衡破坏，淤泥吸附的部分 Ca^{2+} 转入水中，水中部分 Na^+ 被淤泥吸附。

甲烷、铵、氮等是细胞与蛋白质分解以及脱硝酸作用的产物。

溴与碘的增加是生物富集并在其遗骸分解时进入水中所致。

海相淤泥在成岩过程中受到上覆岩层压力而密实时，其中所含的水，一部分被挤压进入颗粒较粗且不易压密的岩层，构成后生沉积水；另一部分仍保留于淤泥层中，便是同生沉积水。

埋藏在地层中的海相沉积水，在一定时期以后，因地壳隆升剥蚀而出露地表，或者由于开启性构造断裂使其与外界连通。经过长期入渗淋滤，沉积水有可能完全排走，为溶滤水所替换。在构造开启性不太好时，则在补给区分布低 TDS 的以难溶离子为主的溶滤水，较深处则出现溶滤水和沉积水的混合，而深部仍为高 TDS 的以易溶离子为主的沉积水。

---

❶ $\dfrac{mEq(Na)}{mEq(Cl)}$ 是 Na 与 Cl 的毫克当量比值，$\dfrac{Cl}{Br}$ 是质量比值。

7.6.3 内生水

内生水又称为原生水（初生水），是源自地球深部层圈的地下水，亦即来自地球内部在岩浆冷却等地质作用下形成的地下水。

早在20世纪初，曾把温热的地下水看作岩浆分异的产物。后来发现，在大多数情况下，温泉是大气降水渗入到深部加热后重新升到地表形成的。近些年来，某些学者通过对地热系统的热均衡分析得出，仅靠水渗入深部获得的热量无法解释某些高温水的出现，认为应有10%～30%的来自地球深部层圈的高热流体的加入。这样，源自地球深部层圈的内生水逐渐为人们所重视。有人认为，深部高TDS卤水的化学成分也显示了内生水的影响。

内生水的典型化学特征至今并不完全清楚。俄罗斯某些花岗岩中包裹体溶液为TDS100～200g/L的氯化钠型水。冰岛玄武岩区的热蒸汽凝成的水是TDS为1～2g/L的$HS \cdot HCO_3 - Na$水，含有大量的SiO_2与CO_2。

内生水的研究迄今还很不成熟，但由于它涉及水文地质学乃至地质学的一系列重大理论问题，今后水文地质学的研究领域将向地球深部层圈扩展，更加重视内生水的研究。

7.7 地下水化学成分分析

7.7.1 地下水化学分析内容

地下水化学成分分析是研究的基础。地下水化学成分分析项目，一般包括：物理性质（温度、颜色、透明度、嗅味、味道等）、HCO_3^-、SO_4^{2-}、Cl^-、CO_3^{2-}、NO_3^-、NO_2^-、Ca^{2+}、Mg^{2+}、Na^+、K^+、NH_4^+、Fe^{2+}、Fe^{3+}、Mn^{2+}、H_2S、CO_2、COD、BOD_5、总硬度、pH值、干涸残余物、电导率、氧化还原电位等。

根据工作目的与要求的不同，分析项目与精度也不同。在一般水文地质调查中，区分为简分析和全分析，为了配合专门任务，则进行专项分析。

简分析用于了解区域地下水化学成分的概貌，这种分析可在野外利用专门的水质分析箱就地进行。简分析项目少，精度要求低，简便快速，成本不高，技术上容易掌握。

全分析项目较多，要求精度高。通常在简分析的基础上选择有代表性的水样进行全分析，较全面了解地下水化学成分，并对简分析结果进行检核。但是，全分析并非分析水中的全部成分。

地下水化学分析的结果，将离子含量以mg/L、毫克当量/L表示。这样，水中离子含量可以用毫克当量/L及毫克当量百分数表示。后者分别以阴、阳离子的毫克当量为100%，求取各阴、阳离子所占的毫克当量百分比。

7.7.2 地下水化学成分的库尔洛夫表示式

为了简明反映水的化学成分特点，可采用库尔洛夫表示式。库尔洛夫表示式是表示单个水样化学成分含量和组成的类似数学分式的方式[1,2,5]，表示式为

$$微量元素(g/L) 气体成分(g/L) M(g/L) \frac{阴离子\ mEq\%>10\%[mEq\%<10\%]}{阳离子\ mEq\%>10\%[mEq\%<10\%]} t(℃) pH D(L/s)$$

库尔洛夫表示式具有一目了然的特点，是以数学分式形式表示水化学成分的方法，但

并无数学上的意义。其主体分式的写法为：在分子、分母的位置，按 mEq%（毫克当量百分数浓度）大小顺序写出各主要阴、阳离子的化学式及其 mEq% 值。沿用惯例，只列出 mEq%＞10% 的阴、阳离子，若认为需要，也可将 mEq%＜10% 者列入，但要用 [ ] 括起来。写出主体分式后，在其前面依次列出微量元素、气体成分和 TDS（以字母 M 为代号），其单位均为 g/L。在分式后面列出温度（以字母 t 为代号，单位：℃）、pH 值、涌水量（以字母 D 为代号，单位：L/s）。例如，江西崇仁县马鞍坪，某下降泉水化学成分见表 7.3。

表 7.3　　　　　　　　　　江西崇仁县马鞍坪某下降泉水化学成分分析表

项目	含量/(mg/L)	含量/(mEq%)	项目	含量/(mg/L)	含量/(mEq%)
Ca^{2+}	1.020	8.20	Cl^-	1.700	7.60
Mg^{2+}	0.912	12.30	SO_4^{2-}	0.500	1.60
Na^++K^+	10.235	78.70	HCO_3^-	16.710	44.30
Fe^{3+}	0.080	0.60	$HSiO_3^-$	22.100	46.40
Fe^{2+}	0.020	0.10			

pH 值为 6.0、E_h 为 475.5mV、耗氧量 0.24mg/L、TDS 为 43.28mg/L、温度为 14℃

其库尔洛夫表达式为

$$M_{0.043}\ \frac{H^2SiO_{46.4}^3\ HCO_{44.3}^3}{(Na+K)_{78.7}\ Mg_{12.3}}\ t_{14}\ pH_{6.3}$$

7.7.3　地下水化学特征分类与图示方法

地下水按其化学组分具有不同的分类方法，大多利用主要阴、阳离子的相对含量与关系进行划分。分类与图示方法多种多样，国内常用的有舒卡列夫分类法和派珀（A. M. Piper）三线图法等。

1. 舒卡列夫分类法

我国常用的水化学类型分类法，是苏联学者舒卡列夫（С. А. Шукалев）提出的舒卡列夫分类法。该分类方法是根据地下水中 3 大阳离子：Ca^{2+}、Mg^{2+}、Na^++K^+（Na^+ 和 K^+ 合并），3 大阴离子：HCO_3^-、SO_4^{2-}、Cl^- 及 TDS 进行划分的，具体方法如下。

（1）根据地下水化学成分分析的结果，将 mEq%＞25% 的 3 大阳离子和 3 大阴离子进行组合，可以组合出 49 种类型的地下水，每型用一个阿拉伯数字作为代号（表 7.4）。

（2）按 TDS 的大小划分成 4 组：A 组（TDS≤1.5g/L），B 组（1.5g/L＜TDS≤10g/L），C 组（10g/L＜TDS≤40g/L）和 D 组（TDS＞40g/L）。

（3）将地下水化学类型用阿拉伯数字（1～49）与字母（A、B、C 或 D）组合在一起的表达式表示。例如，1-A 型，表示 TDS 不大于 1.5g/L 的 HCO_3-Ca 型水，是沉积岩地区典型的溶滤水；49-D 型，表示 TDS 大于 40g/L 的 Cl-Na 型水，可能是与海水及海相沉积有关的地下水，或者是大陆盐化潜水。

表 7.4   舒卡列夫分类表

mEq%>25% 的离子	HCO_3^-	$HCO_3^- + SO_4^{2-}$	$HCO_3^- + SO_4^{2-} + Cl^-$	$HCO_3^- + Cl^-$	SO_4^{2-}	$SO_4^{2-} + Cl^-$	Cl^-
Ca^{2+}	1	8	15	22	29	36	43▲
$Ca^{2+} + Mg^{2+}$	2	9	16	23	30	37	44
Mg^{2+}	3	10	17▲	24▲	31	38▲	45
$Na^+ + Ca^{2+}$	4	11	18	25	32	39	46
$Na^+ + Ca^{2+} + Mg^{2+}$	5	12	19	26	33	40	47
$Na^+ + Mg^{2+}$	6	13	20▲	27	34	41	48
Na^+	7	14	21	28	35	42	49

注 ▲此类型的水目前没有发现。

2. 派珀（A. M. Piper）三线图

派珀三线图由两个三角形和一个菱形组成（图 7.4）。左下角三角形的三条边分别代表阳离子 $Na^+ + K^+$、Ca^{2+} 及 Mg^{2+} 的 mEq%；右下角三角形的三条边分别代表阴离子 Cl^-、SO_4^{2-} 及 $HCO_3^- + CO_3^{2-}$ 的 mEq%；菱形表示阴、阳离子组合的 mEq%。任一水样的阴、阳离子的 mEq% 分别在两个三角形中以标号的圆圈表示，然后自两个三角形同标号的圆圈向菱形引线，引线在菱形中的交点上，以圆圈位置表示此水样的阴、阳离子相对含量，以圆圈大小表示 TDS 的含量大小。

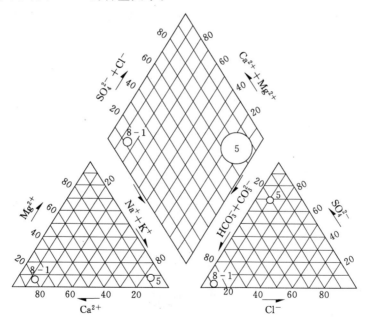

图 7.4 派珀三线图

（资料来源：张人权，2011 年）

派珀三线图把菱形分成 9 个区（图 7.5），落在菱形中不同区域的水样具有不同化学特征（表 7.5）。

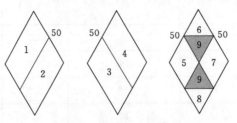

图 7.5　派珀三线图分区

（资料来源：张人权，2011 年）

表 7.5　　　　　　　　　　　**派珀三线图分区水化学特征说明**

分区代号	化学特征	分区代号	化学特征
1	碱土金属离子大于碱金属离子	6	非碳酸盐硬度＞50％
2	碱金属离子大于碱土金属离子	7	非碳酸盐碱度＞50％
3	弱酸根大于强酸根	8	碳酸盐碱度＞50％
4	强酸根大于弱酸根	9	无一对阴阳离子＞50％
5	碳酸盐硬度＞50％		

派珀三线图的优点是不受人为影响，从菱形中可看出水样的一般化学特征，在三角形中可以看出各种离子的相对含量。将一个地区的水样标在图上，结合地质及水文地质条件，可以分析地下水化学成分的演变规律等一系列问题。

思　考　题

1. 地下水中主要气体成分有哪些？简述其来源。
2. 地下水中主要离子成分有哪些？简述其来源。
3. 影响地下水溶滤作用的主要因素有哪些？
4. 影响地下水浓缩作用的主要因素有哪些？
5. 地下水中的主要离子成分与 TDS 有何关系？
6. 为什么 TDS 高的地下水以易溶盐类离子为主，而 TDS 低的地下水以难溶盐类离子为主？
7. 氯化物最易溶解于水中，而为什么多数地下水中检出的是难溶的碳酸盐和硅酸盐成分？
8. 产生浓缩作用必须具备哪些条件？长期发生浓缩作用会产生什么结果？

扫描二维码阅读

本章数字资源

第8章 地下水系统及其循环特征

学习目标：了解地下水系统的相关概念；掌握地下水含水系统和流动系统的概念；掌握地下水的补给、径流和排泄的概念、影响因素和主要特征；掌握地下水的补给来源，以及影响不同补给来源补给地下水的因素；了解大气降水补给地下水的过程和机制；掌握地下水的主要排泄方式；掌握泉的概念及类型划分。

重点与难点：地下水的补给、径流和排泄的概念、影响因素和主要特征；地下水的补给来源和排泄方式；泉的概念及类型划分。

地下水系统是由含水系统和流动系统构成的统一体。本章依据系统理论，阐述了地下水系统的概念、地下水含水系统和流动系统的特征、地下水系统的输入（地下水的补给）和输出（地下水的排泄）以及各循环要素的影响因素等内容，是地下水资源评价的基础理论。

地下水积极参与水文循环，与外界不断交换水量、能量和盐量。补给、排泄与径流决定着地下水水量和水质的时空分布。

根据地下水文循环位置，可分为补给区、径流区、排泄区。径流区是含水层中的地下水从补给区至排泄区的流经范围。

水文地质条件是地下水埋藏、分布、补给、径流和排泄条件、水质和水量及其形成地质条件等的总称。

8.1 地 下 水 系 统

8.1.1 地下水系统的概念

系统是由相互作用和相互依赖的若干组成部分按一定规则结合而成的具有特定功能的整体，可以认为是诸要素以一定的规则组织起来并共同行动的整体。要素是构成系统的基本单元，是构成系统的物质实体。系统存在物质、能量、信息的输入，经过系统的变换，向环境产出物质、能量和信号的输出。环境对系统的作用称为激励，系统在接受激励后对环境的反作用称为响应。环境的输入经过系统变换而产生对环境的输出，取决于系统的结构。结构是物质系统内部各组成要素之间相互联系和相互作用的方式，表现为各要素在时间上的先后顺序和在空间上一定排列组合的次序。结构决定功能，为基础，功能对结构具有反作用。

地下水系统是地下水含水系统和地下水流动系统的统一，是地下水介质场、流场、水化学场和温度场的空间统一体[1,5]。地下水含水系统是指由隔水层或相对隔水层圈闭的、具有统一水力联系的含水岩系，即地下水赋存的介质场。地下水流动系统是指由源到汇的流面群构成的、具有统一时空演变过程的地下水体（图 8.1），是地下水的流场、水化学场、温度场的统一体。

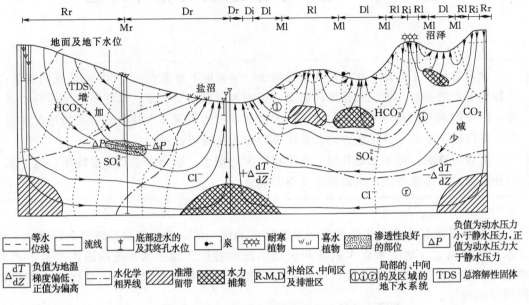

图 8.1　区域地下水系统及其伴生标志

（资料来源：肖长来等，2010 年）

地下水系统是由若干个具有统一独立性而又互有联系、互相影响的不同级次的子系统组成的，是水文系统的一个组成部分，与大气水系统、地表水系统存在密切联系和互相转化，且具有各自的特征与演变过程。地下水系统包括水动力系统和水化学系统。

8.1.2　地下水含水系统与流动系统的比较

含水系统与流动系统是内涵不同的两类系统，但也有共同点，两者从不同角度揭示了地下水赋存与运动的系统性（整体性）。含水系统的整体性体现在它具有统一的水力联系，存在于同一含水系统中的水是一个统一的整体，在含水系统中的任何一部分加入（补给）或排出（排泄）水量，其影响均将波及整个含水系统。含水系统是一个独立而统一的水均衡单元，是一个三维系统；可用于研究水量乃至盐量和热量的均衡。边界属于地质零通量边界，为隔水边界，是不变的。

地下水流动系统的整体性体现在它具有统一的水流。沿着水流方向，盐量、热量和水量发生有规律的演变，呈现统一的时空有序结构；它以流面为边界，边界属于水力零通量边界，是可变的，因此流动系统是时空四维结构。

含水系统与流动系统都具有级次性，任意含水系统或流动系统都可能包含不同级次的子系统，图 8.2 是由隔水基底所限制的沉积盆地构成的一个含水系统，由于存在一个比较连续的相对隔水层，因此含水系统可划分为两个子含水系统。此沉积盆地中发育了两个流动系统，其中一个为简单流动系统，另一个为复杂流动系统，后者可分为区域、中间和局部的流动系统。

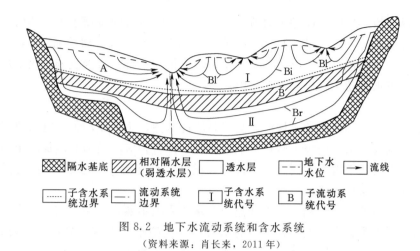

图 8.2　地下水流动系统和含水系统

（资料来源：肖长来，2011 年）

Br、Bi、Bl—流动系统 B 的区域的、中间的和局部的子流动系统

同一空间中含水系统和流动系统的边界是相互交叠的。流动系统可以穿越子含水系统，子含水系统的边界也可以限制流动系统的穿越。

控制含水系统发育的因素主要是地质结构。控制地下水流动系统发育的因素主要是水势场，由自然地理因素控制，在人为影响下会发生很大变化。强烈的人工开采会形成一个新的流线指向开采中心的辐辏式地下水流动系统。由于强烈的势场变化，流线普遍穿越相对隔水层。不过，无论人为影响加强到什么程度，新的地下水流动系统发育的范围不会超过大的含水系统的边界。

8.2　地下水含水系统与流动系统

8.2.1　地下水含水系统

地下水含水系统主要受地质构造的控制。在松散沉积物与坚硬基岩中的含水系统有一系列不同的特征[1,5]。

松散沉积物构成的含水系统发育于近代构造沉降堆积盆地中，其边界通常为不透水的坚硬基岩，含水系统内部一般不存在完全的隔水岩层，含水层之间既可以通过"天窗"也可以通过相对隔水层越流产生广泛的水力联系。

基岩构成的含水系统总是发育于一定的构造之中，固结良好的泥质岩石构成良好的隔水层，岩相的变化导致隔水层尖灭，或者导水断层使若干个含水层发生联系，则数个含水层构成一个含水系统，显然，这种情况下，含水系统各部分的水力联系是不同的。另外，同一个含水层也可以由于构造的原因形成一个以上的含水系统。

含水系统是由隔水或相对隔水岩层圈闭的，并不是说它的全部边界都是隔水的或相对隔水的。除了极少数封闭的含水系统外，通常含水系统总有些向外界环境开放的边界，以接受补给与排泄。

含水系统在概念上是含水层系统的扩大。

8.2.2　地下水流动系统

J. Toth[56] 在严格的假定条件下，利用解析解绘制了均质各向同性潜水盆地中理论地下水系统，得出均质各向同性潜水盆地中出现 3 个不同级次的流动系统，即局部的、中间的和区域的流动系统[1,4,5]。此后层状非均质介质场中的地下水流动系统也被绘制出来。

地下水流动系统理论，是以势场及介质场的分析为基础，将渗流场、化学场和温度场统一于新的地下水流动系统概念框架之中。

1. 水动力特征

地下水在流动中必须消耗机械能以克服黏滞性摩擦，主要驱动力是重力势能，源于地下水的补给。大气降水或地表水转化为地下水时，便将相应的重力势能加之于地下水。不同部位重力势能的积累有所不同。地形低洼处通常为低势区——势汇，地势高处为势源，由地形控制的势能叫地形势。

静止水体中各处的水头相等，而在流动的水体中则不然，势源处流线下降，在垂直断面上自上而下，水头越来越低，任意点的水头均小于静水压力；反之，势汇处流线上升，垂向上由下而上，水头由高而低，任意点的水头均大于静水压力；中间地带流线成水平延伸，垂直断面各点水头均相等，并等于静水压力。

介质场中地下水流动系统发育规律表现为，同一介质场中存在两种或更多的流动系统时，它们所占据的空间大小取决于两个因素：①势能梯度 I，等于源、汇的势差除以源、汇的水平距离，I 越大，其地下水所占据的空间亦大；②介质渗透系数 K，渗透性好，发育于其中的流动系统所占据的空间就大。

在各流动系统中，补给区的水量通过中间区输向排泄区。与中间区相比，补给区水分不足，排泄区水分过剩。

2. 水化学特征

在地下水流动系统中任意一点的水质取决于输入水质、流程、流速、流程上遇到的物质及其可迁移性以及流程上经受的各种水化学作用。

地下水流动系统中，水化学存在垂直分带和水平分带。不同部位发生的主要化学作用不同，溶滤作用存在于整个流程，局部系统、中间及区域系统的浅部属于氧化环境，深部属于还原环境，上升水流处因减压将产生脱碳酸作用。黏性土易发生阳离子交替吸附作用。不同系统的汇合处，发生混合作用。干旱和半干旱地区的排泄区，发生蒸发浓缩作用。系统的排泄区是地下水水质复杂变化的地段。

3. 水温度特征

垂向上，年常温带以下地温的等值线通常是上低下高。地下水流动系统中，补给区因入渗影响而水温偏低，排泄区因上升水流带来的深部地热而水温偏高。对无地势异常区，可根据地下水温度的分布，判定地下水流动系统。

可利用介质场（取决于地层、构造、第四纪地质等因素）、势场（取决于地形、水文、气候等因素）、渗流场（地下水流动系统）、水化学场与水温度场的综合信息进行水文地质条件和地下水系统的研究。

8.3 地下水补给

自然界中的地下水通过补给、径流和排泄等途径处于不断地运动之中，从而与外界发生水量、盐量和能量的交换，这一过程称为地下水文循环。地下水文循环条件包括地下水的补给、径流和排泄条件。

地下水的补给是指含水层或含水系统从外界获得水量（盐量、能量）的过程[1,3,5]。地下水的补给研究，涉及补给来源、机制、影响因素及补给量。地下水补给来源如图8.3所示。

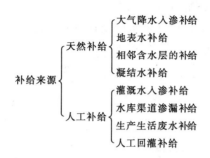

图8.3 地下水补给来源

随着人类活动加剧，人工补给地下水越来越受到重视。

地下水补给机制相当复杂，不少问题尚有待探讨。地下水补给量的确定，尽管方法众多，但是，精确定量依然是一个难题[2,57]。

8.3.1 大气降水补给

1. 大气降水入渗补给过程

下面以松散沉积物为例，讨论降水入渗补给地下水的过程。

大气降水，首先一部分被植被叶面和茎秆截留而蒸发返回大气；其余部分降落到地面。降落到地面的水，一分部蒸发返回大气，一部分形成地表径流，另一部分渗入地下。渗入地下的水，相当一部分滞留于包气带，构成土壤水；补足包气带水分亏缺后其余的水才能下渗补给含水层，成为补给地下水的入渗补给量（图8.4）。

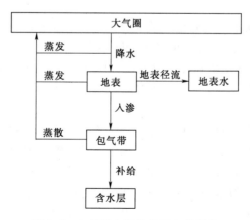

图8.4 大气降水补给地下水的环节

地面犹如筛子，将降水分为入渗水流及地表径流两部分。包气带犹如缺水的海绵，截留部分入渗水流。降水经过分流及截留以后，剩余的水流下渗进入含水层，构成地下水补给量。

地面的分流，取决于降水强度与（地面）入渗能力的关系：降水强度小于入渗能力时，降水全部入渗进入包气带；降水强度大于入渗能力时，超过入渗强度的部分形成地表径流。

包气带截留的水量，用于补足降水间歇期由于蒸散造成的水分亏缺。

一次降水过程，除去植被截留以及包气带截留外，大气降水量最终转化为 3 部分：地表径流量、蒸散量及地下水补给量（图 8.4）。

下面讨论一次降水过程中，包气带水分变化及其对地下水补给过程（图 8.5）。

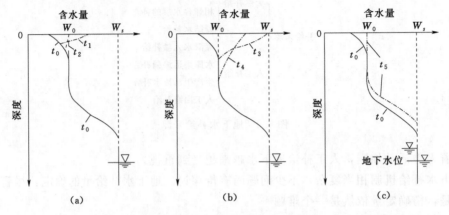

图 8.5 雨季前后包气带水分分布变化情况（均质介质，活塞式下渗）

（资料来源：张人权等，2011 年）

（a）雨季前及降雨初期包气带水分分布变化情况；（b）雨季多余水分下渗的情况；
（c）下渗水补充地下水的情况

在理想情况下，均质岩土包气带水分趋于稳定，无下渗也无蒸散。此时，包气带水分分布如图 8.5（a）中的 t_2 所示；包气带上部保持残留含水量（W_0），一定深度以下，由于支持毛细水的存在，含水量大于 W_0 并向下渐增，接近地下水面，含水量达到饱和含水量（W_s）。

实际情况下，只有在雨季过后包气带水分稳定时最接近此理想情况。雨季前，因旱季蒸散，包气带上部的含水量已低于残留含水量（W_0），形成水分亏缺 [图 8.5（a）中的 t_0]。雨季初期的降水，首先要补足水分亏缺 [图 8.5（a）中的 t_1、t_2]，多余的水分才能下渗 [图 8.5（b）中的 t_3、t_4]。下渗水进入地下水面，地下水储量增加，地下水水位抬高 [图 8.5（c）中的 t_5]。

下渗过程，按水分所受的力和运动特征，下渗可分为三个阶段：

（1）渗润阶段。下渗的水分在分子力作用下，被干燥的岩土颗粒吸收而形成结合水的阶段，当土壤含水量达到最大分子力持水量时，这一阶段结束。

（2）渗漏阶段。下渗的水分在毛细力、重力作用下，沿岩土孔隙向下做不稳定的运动，并逐步填充岩土空隙直到饱和，饱和时这一阶段结束。

（3）渗透阶段。下渗的水分在重力作用下做稳定流动。

2. 大气降水入渗补给机制

包气带是降水对地下水补给的枢纽，包气带的岩性结构和含水量状况对降水入渗补给起决定性作用。松散沉积物组成的包气带，降水入渗过程相当复杂。至今，降水入渗补给地下水的机制尚在探讨中。下面以松散沉积物为例，讨论降水入渗补给地下水的机制。

目前认为，松散沉积物降水入渗有两种方式：活塞式入渗和捷径式入渗。

活塞式入渗是指入渗水的湿锋面整体向下推进，就像活塞的运移一样，出现于均匀岩土层，如砂层等（图 8.6）。其特点是年龄"新"的水推动年龄"老"的水下移，"老"水在前，"新"水在后，包气带达到饱和才补给下方含水层。

捷径式入渗是指入渗水由于存在水分运移的大空隙通道（根孔、虫孔、裂缝等），入渗水流沿着该通道下渗优先达到地下水面的过程（图 8.7）。其特点是"新"水可以超过"老"水，优先达含水层；包气带不必达到饱和即可补给下方含水层。

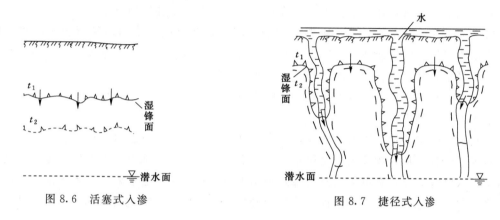

图 8.6 活塞式入渗   图 8.7 捷径式入渗

两种入渗方式下，地下水水位对降雨的响应不同。

3. 降水入渗能力

降水入渗能力，可用单位面积单位时间的入渗水量表示，即垂向渗透流速 v。入渗能力首先取决于包气带渗透性。砂砾等粗粒松散沉积物、裂隙和岩溶发育的基岩，具有良好入渗能力；渗透性弱的黏性土、裂隙岩溶不发育的基岩，入渗能力差。

通常，降水入渗能力初期较大，随着降水延续而降低，最后趋于一个定值，如图 8.8所示，图中降水强度为 0.7mm/min，实线及点为休闲地，虚线为谷子地。这是因为，降雨初期，由于表土干燥，毛细负压很大，毛细负压与重力共同使水下渗，此时包气带的入

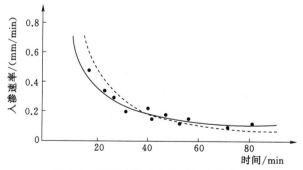

图 8.8 地面入渗速率随时间变化曲线

（资料来源：石生新，1992 年；张人权，2011 年）

渗能力很强。随着降雨延续，湿锋面推进到地下一定深度，相对于重力水力梯度（$I=1$），毛细水力梯度逐渐变小，入渗能力趋于某一定值，即 $v=K$。降雨强度超过地表入渗能力时，便将产生地表径流。

4. 影响大气降水补给地下水的因素

影响大气降水补给地下水的因素众多，大体可分为气候、地质、地形、植被、土地利用等方面。

（1）气候因素。气候主要通过影响降雨特征（降水量、降水强度、降水历时等）和蒸散而间接影响大气降水补给地下水的份额。

降水首先需要补足包气带水分亏缺，才能形成对地下水的有效补给，因此，年降水量小时补给地下水的有效降水量就小；年降水量大，则有利于补给地下水。

降水强度大、降水历时短，则形成地表径流多，补给地下水的份额就少；降水强度小、降水历时短，则仅能补足包气带的水分亏缺，并随后蒸散消耗，难以形成对地下水有效补给；降水强度合适、降水历时长，则有利于补给地下水。

气温高、相对湿度小则蒸散量就大，则相对补给地下水的份额就小；相反，则相对补给地下水的份额就大。

（2）地质因素。地质因素主要是包气带岩性和含水量、地下水水位埋深。

包气带岩性，从入渗能力及截留量两个方面影响降水补给地下水的份额。渗透性良好的岩土，入渗能力强，有更多份额的降水补给地下水；岩土渗透性差时，入渗能力小，大部分降水将转为地表径流，补给地下水的份额减少。岩性会影响包气带的截留量，从而改变降水补给地下水的份额。

如果包气带前期含水量大，则无须补给水分亏缺，地下水得到补给份额有可能略大。

地下水水位埋深对降水入渗补给地下水的影响比较复杂。地下水水位埋深过浅，毛细饱和带接近地面，则不利于对地下水的补给；地下水水位埋深度过大，包气带截留水量增加，则也不利于对地下水的补给。对于常见的松散土（亚砂土、粉细砂等），地下水接受降水补给的最佳潜水位埋深，一般为 $2\sim2.5\mathrm{m}$，如图 8.9 所示[2,58-62]。

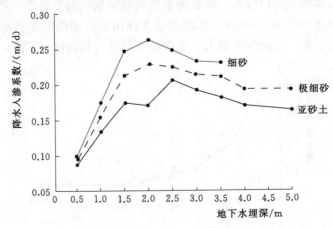

图 8.9　降水入渗系数与地下水水位埋深及岩性的关系

（资料来源：张人权，2011 年）

有一种观点指出，降水补给地下水的份额随着地下水水位埋深增大而不断减少，其实，这种说法并不正确。包气带水分蒸散随深度加大而衰减，一般情况下，大致以地下水水位埋深6～7m为界，埋深继续增大，蒸散作用的影响趋近于零，包气带水分截留量不会随之增加，入渗系数趋于定值[62]。

（3）地形因素。地形坡度对降水入渗补给地下水份额的影响，取决于降水强度与入渗能力的关系。降水强度小于入渗能力时，地形坡度不影响降水入渗补给地下水的份额。降水强度大于入渗能力时，地形坡度越大，转化为地表径流的份额越大，入渗补给地下水份额的就越小。

（4）植被与土地利用因素。森林草地可改善土壤结构并滞留地表坡流，有利于地下水补给。但是，农作物复种指数大，将形成更大的包气带水分亏缺，不利于降水补给地下水。城市化过程无渗界面的增加，会显著减少降水补给地下水的份额。

影响大气降水补给地下水的诸因素是相互联系、相互制约的整体；将互为条件的影响因素割裂开来，孤立地分析某个因素的贡献，是行不通的。例如，强烈岩溶化地区，即使地形陡峻，地下水水位埋深达数百米，由于包气带渗透性极强，连续集中的暴雨也可以全部吸收；地下水水位埋深较大的平原、盆地，经过长期干旱后，一般强度的降水不足以补偿水分亏缺。这时，集中的暴雨反而可成为地下水的有效补给来源[5]。

5. 大气降水入渗补给量的确定

大气降水入渗补给地下水水量的确定，十分重要而又复杂，迄今已有多种研究方法。大体上分为：水均衡法、地中蒸渗仪法、包气带水分通量法、利用环境组分（同位素、氯离子等）求算、人工投放示踪剂求算，以及数值模拟法等[63-67]。以下仅就某些方法略加讨论。

第一种情况：平原区大气降水入渗补给地下水水量的确定。

在一定条件下，平原区大气降水入渗补给地下水水量，可用式（8.1）估算：

$$Q = \alpha P F \times 1000 \tag{8.1}$$

式中　Q ——多年平均年降水入渗补给地下水水量，m^3/a；

　　　P ——多年平均年降水量，mm/a；

　　　α ——降水入渗系数，可采用地中蒸渗仪测定法和地下水水位动态资料推求法确定，在我国，降水入渗系数 α 值通常变化于 0.2～0.4 之间，南方湿润气候岩溶发育区，可以高达 0.8，西北干旱气候的沙漠盆地，接近于 0；

　　　F ——补给区面积，km^2。

第二种情况：山区大气降水入渗补给地下水水量的确定。

山区大气降水补给地下水，具有某些不同于平原的特点：

（1）主要分布基岩，地面渗透能力的差别远大于平原松散沉积物。例如，致密结晶岩、页岩等隔水层不接受降水入渗，岩溶发育的碳酸盐入渗能力很强。

（2）地形起伏与地质结构相结合，地形高处的降水以坡流或河流形式汇流补给低处的地下水，汇流的范围经常大于补给区。

（3）地表水与地下水转化关系复杂，往往难以单独评价大气降水补给地下水水量，只能评价大气降水及地表水补给地下水的总量。在一个独立汇水盆地中，地下水及地表水都来源于本地大气降水，从广义上说，也可以理解为大气降水补给地下水水量。

（4）地形切割强烈，地下水水位埋深大，包气带以重力水为主，截留水量通常不大，通过向泉及（或）河流排泄。条件有利于确定径流排泄量时，可根据排泄量反推补给量。

根据排泄量推求山区入渗系数 α：

$$\alpha = Q/(PF \times 1000) \tag{8.2}$$

式中　Q——汇水区地下水多年平均年排泄量，m^3/a；

　　　P——汇水区多年平均年降水量，mm/a；

　　　F——汇水区面积，km^2。

山区入渗系数 α 的含义是：汇水区多年平均年地下水补给量占多年平均年降水量的份额。

汇水区地下水排泄量，可以通过不同方法求取：

（1）具有隔水边界的含水系统，以泉的形式集中排泄时，可通过观测泉水流量求取。

（2）具有隔水边界的含水系统，以向河流泄流的形式分散排泄时，可通过水文学中流量过程分割基流的方法求取。

实际工作中，无论平原还是山区，都可以采取经验类比法，根据降水、岩性、地形等条件，选取条件近似地区已知的降水入渗系数，大致估算大气降水入渗补给地下水水量。

确定大气降水入渗补给地下水水量，十分重要。精确求取又相当困难。因此，采取多种方法、多手段平行评价，相互校核，是今后的趋向。

影响降水入渗系数的因素很多，观测及计算方法都存在一定误差。例如，利用蒸渗仪求算时，存在物理边界失真，以及保持固定地下水埋深的问题。利用地下水水位变幅计算，存在给水度取值的不确定性问题。相对说来，通过泉水排泄量计算得出的山区岩溶水系统降水入渗系数最为可靠。以下提供一些降水入渗系数的参考值。

李金柱[68] 利用河北省清苑县冉庄镇、安徽省固镇县新马桥镇、山西太谷均衡实验站资料统计，求算了地下水水位埋深 2～4m，包气带岩性为亚黏土及亚砂土时，降水入渗系数与年降水量的关系如下：年降水量 200～300mm 时，降水入渗系数为 0.04～0.09；年降水量 500～600mm 时，降水入渗系数为 0.15～0.27；年降水量大于 800mm 时，降水入渗系数为 0.21～0.32。于玲[69] 利用地下水水位变幅求算淮北平原区年降水量为 800～900mm 时，降水入渗系数为 0.22～0.25。黄土高原的降水入渗补给系数，随着年降水量及黄土地貌而变化，介于 0.01～0.28 之间[70]。裂隙基岩山区的降水入渗补给系数，随着裂隙发育程度而异：裂隙发育微弱时降水入渗系数为 0.01～0.02，裂隙发育中等到较强时降水入渗系数为 0.05～0.15，裂隙发育极强时降水入渗系数为 0.15～0.25[71]。我国岩溶山区的降水入渗系数，南方变化于 0.2～0.8 之间，北方变化于 0.1～0.3 之间。

8.3.2　地表水补给

地表水补给地下水必须具备两个条件：①地表水水位高于地下水；②两者之间存在水力联系。

沿着河流纵断面，河水与地下水的补给关系有所差异。河流上游山区，河谷深切，河水位常低于地下水水位，地下水向河流排泄［图 8.10（a）］；河流上游出山口，河流的堆积作用使河床处于高位，河水常年补给地下水［图 8.10（b）］；河流中游冲洪积平原与盆地，某些部位河水位与地下水水位的关系，随季节而变，洪水期河水补给地下水，枯水期地下水向河流排泄（图 8.10 中的 c）；河流下游某些冲洪积平原，河水与地下水的补给关系取决于河流堆积特点：河床堆积作用强烈，出现自然堤及人工堤防，河床高于地面，形成所谓"地上河"，河水常年补给地下水，黄河下游即是如此；一般河流，洪水期河水补给地下水，枯水期地下水向河流排泄。（图 8.10 中的 d）。

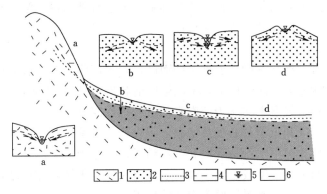

图 8.10 地表水与地下水的补给关系
1—基岩；2—松散沉积物；3—地表水位（纵剖面）；4—地下水位；
5—地表水位（横剖面）；6—补给方向

　　我国西北干旱内陆盆地，降水十分稀少，高山降水积为冰雪，冰雪融水形成的河流，沿着流程与地下水相互转化，成为地下水主要的，甚至唯一的补给来源。

　　间歇性河流河水补给地下水又有不同的特点。下面分析间歇性河流河水补给地下水过程（图8.11）。汛期开始，由于河流长期断流，地下水水位处于河床以下一定深度，河流来水后，河水以非饱和流方式入渗补给地下水。下渗水流到达地下水面形成补给，河下形成条状地下水丘［图 8.11（a）］。继续下渗补给，地下水丘不断抬升，与河水连成一体，河水以饱和流形式补给地下水［图 8.11（b）］。枯水期河流断流，条状地下水丘向两侧消散，抬高一定范围内的地下水水位［图 8.11（c）］。

　　根据达西定律，河水补给地下水时，补给量取决于以下因素：河床渗透性、透水河床湿周与长度的乘积、河水位与地下水水位高差，以及河流过水时间。

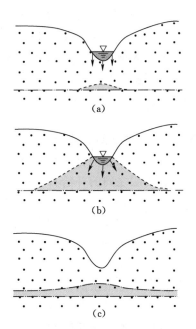

图 8.11 间歇性河流补给地下水过程
（a）补给初期形成条状地下水丘；（b）继续补给与河水连成一体；（c）枯水期条状地下水丘向两侧消散

山前地区，地下水径流强烈，而河床渗透性较差时，即使常年有水的河流，也可能发生如图 8.11（a）所示的状况，河水与地下水脱离而不连接，发生非饱和渗流补给。计算这种条件下的河水补给地下水水量时，要按非饱和流选取参数。

求取河流渗漏补给地下水水量时，可以在渗漏河段上下游分别测定断面流量 Q_1 及 Q_2；流量差值乘以河床过水时段 t，即得河水补给地下水量。间歇性河流渗漏量的一部分，消耗于补足断流时包气带水分亏缺，地下水获得的补给量小于测得的渗漏量。

大气降水是一个地区地表水的初始来源，但是，大气降水和河水补给地下水的特点不同。大气降水在空间上是面状补给源，在时间上是非连续补给源。河水在空间上是线状补给源，在时间上是较为连续的，或经常性的补给源。

8.3.3　凝结水补给

空气湿度一定时，饱和湿度随温度下降而降低，温度降到某一临界值，达到露点（绝对湿度与饱和湿度相等），温度继续下降，超过饱和湿度的那部分水汽，转化为液态水，这便凝结成水。这种由气态水转化为液态水的过程称作凝结作用。

夏季的白天，大气和土壤都是吸热增温，到夜晚，土壤散热快而大气散热慢。地温降到一定程度，在土壤孔隙中水汽达到饱和，凝结成水滴，绝对湿度随之降低。由于此时气温较高，地面大气的绝对湿度较土壤中大，水汽由大气向土壤孔隙运动，不断补充，不断凝结，当形成足够的液滴状水时，便下渗补给地下水。

一般情况下，凝结形成的水相当有限。但是，高山、沙漠等昼夜温差大的地方，如撒哈拉大沙漠昼夜温差大于 50℃，凝结作用对地下水补给的作用不能忽视。以色列内盖夫（Negev）沙漠，年凝结水量约为 40mm[72,73]。我国西北沙漠地带，年凝结水量通常为数毫米到十几毫米，个别为数十毫米到大于 100mm[74]。迄今为止，凝结水量的测定仍存在误差[75]。

国内有关凝结水补给地下水的报道如下：梁永平等[76] 利用氢氧同位素判断，内蒙古桌子山区岩溶存在凝结水补给；张建山[77] 得出，陕北沙漠滩区凝结水补给约占降水补给量的 10%；黄金延等[78] 得出，鄂尔多斯沙漠高原白垩纪砂岩凝结水补给量占地下水总补给量的 6.8%。

8.3.4　含水层之间的补给

两个含水层之间存在水头差且有联系通道时，水头较高的含水层便补给水头较低的含水层。含水层之间的补给具体见 8.5 节。

8.3.5　地下水人工补给

地下水人工补给方式有灌溉水入渗补给、水库渠道渗漏补给、生产生活废水入渗补给、人工回灌补给等。

1. 灌溉水入渗补给

下渗补给地下水的那部分灌溉水，称为灌溉回归水。灌溉渠道渗漏及田面入渗使地下水获得补给。渠道渗漏补给方式犹如河水，田面入渗补给方式接近大气降水。灌溉水补给地下水的份额取决于灌溉方式：滴灌和喷灌亩次水量小于 20m³ 时，渗漏补给地下水的水量十分有限；采用畦灌、漫灌等灌溉方式，亩次灌水量为 40m³ 到大于 100m³ 时，下渗补给的份额可达 20%～40%。不合理的灌溉方式，不仅浪费水资源，造成土壤养分流失，还会引起地下水水位抬升，导致土地次生沼泽化和次生盐碱化。

2．人工回灌补给

人工回灌补给的含义是：采取有计划的人为措施，使地下水获得天然补给以外的额外补充。

人工回灌补给地下水具有多种目的：利用含水层（含水系统）作为地下水库，调蓄其他水源，增加可利用水资源量；维护和改善生态环境（避免植被退化、维护湿地、防护土地沙漠化等）；防治某些地质灾害（防治海水或咸水入侵地下淡水、避免地面沉降及地裂缝等）；利用含水层调蓄热能等。

随着可利用水资源日益匮乏，利用含水层（含水系统）作为地下水库，调蓄水资源，增加水资源的可利用性，越来越受到重视。美国正在实施"含水层存储与恢复"（Aquifer Storage and Recovery，ASR）工程。瑞典、荷兰和德国的含水层人工回灌，已经分别达到总供水量的20％、15％和10％。我国北方也开展了地下水库调蓄工程[79]。

人工回灌补给地下水通常采用地面、河渠、坑塘蓄水渗补和井孔灌注等方式（图8.12）。通过加大灌溉定额增加地下水补给最为简便易行，但是，需要解决成本分摊问题。

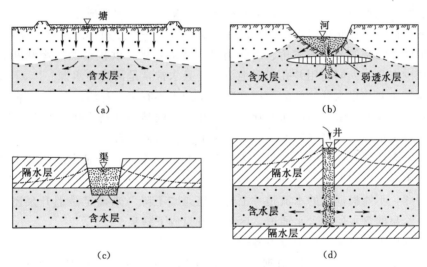

图 8.12　人工回灌补给地下水的方式
（资料来源：张人权，2011 年）
（a）坑塘蓄水渗漏补给；（b）河库井孔补给；（c）渠道渗漏补给；（d）井孔灌注

3．其他人工补给方式

城市水泥输水管道的渗漏量，可达到运输量的30％[80]。污水渗漏是导致城市地下水污染的重要原因之一。不开采地下水的城市，管道渗漏会导致地下水水位抬升，影响地基以及地下空间利用。

8.4　地下水排泄

地下水的排泄是指含水层或含水系统失去水量（盐量和能量）的过程[5]。排泄形式有点状、线状和面状，包括以下方式（图8.13）。

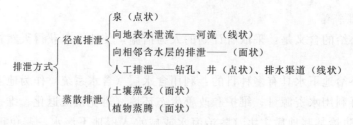

图 8.13　地下水排泄方式

　　径流排泄水分（盐分）呈液态排出，盐随水去；蒸散排泄水分呈气态排出，盐分积累下来，水去盐留，水质变差。地下水通过泉、向地表水泄流、土壤蒸发、植物蒸腾等方式实现天然排泄；而通过井、钻孔、排水渠道和坑道等设施进行人工排泄。含水层中的地下水向外部排泄的范围称为排泄区[1,3,5,24]。

8.4.1　泉

　　泉是地下水的天然露头，是含水层或含水通道呈点状出露地表的地下水涌出现象，为地下水的集中排泄形式[1,3,5,24]。泉的出露是在一定的地形、地质和水文地质条件有机结合的结果。适宜的地形、地质条件下，潜水或承压水集中排出地面成泉。

　　泉往往是以一个点状泉口出现，有时是一条线或是一个小范围。泉水多出露在地形起伏明显的山区与丘陵的沟谷和坡角、山前地带、河流两岸、洪积扇的边缘和断层带附近，而平原区很少有泉，人们利用井孔揭露地下水。泉水常常是河流的水源。

　　泉水流量主要与泉水补给区的面积和降水量的大小有关。补给区越大，降水越多，则泉水流量越大。泉水流量随时间而变化，一般在一年内某一时刻达到最大值，以后逐渐减小。泉可以单独出现，也可以成群出现，泉水的流量相差很大。

　　根据补给泉的含水层性质，将泉分为上升泉和下降泉，上升泉由承压含水层水补给，下降泉由潜水含水层或上层滞水补给。地下水流系统理论表明，潜水的排泄区普遍存在上升水流，因此，不能根据泉的水流是"上升"还是"下降"来确定是上升泉还是下降泉，而要根据补给泉的含水层或含水通道，区分上升泉或下降泉。

　　根据出露原因，泉又可分为以下各类：

　　（1）侵蚀泉。单纯由于地形切割地下水面出露而成的泉，包括切割潜水含水层 ［图 8.14（a）、（b）］ 及揭露承压水隔水顶板 ［图 8.14（h）］。

　　（2）接触泉。地形切割使相对隔水底板出露，地下水从含水层与隔水底板接触处出露而成的泉 ［图 8.14（c）］。

　　（3）溢流泉。水流前方出现相对隔水层，或下伏相对隔水底板抬升时，地下水流动受阻，溢流地表而成的泉 ［图 8.14（d）、（e）、（f）、（g）］。

　　（4）断层泉。地形切割导水断层，断裂带测压水位高于地面时出露而成的泉 ［图 8.14（i）］。

　　（5）接触带泉。岩脉或岩浆岩侵入体与围岩的接触带由于冷凝收缩形成导水通道，地下水沿此导水通道出露而成的泉 ［图 8.14（j）］。

　　作为地下水天然露头，泉是认识水文地质条件的重要信息来源。例如，判断含水层和隔水层；判断岩层富水性（导水能力）；判断断层导水性；根据泉水温度判断地下水循环深度；根据泉水化学成分找矿；在一定条件下，根据泉流量反推降水入渗系数及地下水补给量等。

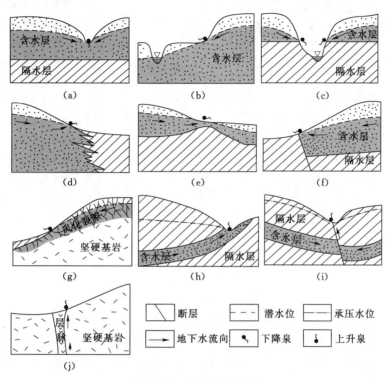

图 8.14　泉的成因类型

（资料来源：张人权，2011 年）

（a）侵蚀泉下降泉；（b）侵蚀泉下降泉；（c）接触泉下降泉；（d）溢流泉下降泉；（e）溢流泉下降泉；

（f）溢流泉上升泉；（g）溢流泉下降泉；（h）侵蚀泉上升泉；（i）断层泉上升泉；（j）接触带泉上升泉

图 8.15 可以说明泉的水文地质意义：前震旦系变质岩及燕山期花岗岩，泉多而分散，流量小于 1L/s，说明富水性差，可能为风化裂隙水补给而成；变质岩与花岗岩接触带出现一个流量不大的温泉，说明部分接触带张开而形成导水通道；寒武系泉流量多为 1～10L/s，个别小于 1L/s，富水性稍强；奥陶系厚层灰岩，泉少而流量为 1～10L/s，个别大于 10L/s，大多出露于与其他地层交接处，说明富水性强；个别地段的断裂带出露泉而流量为 1～10 L/s，说明断层有一定的导水能力；第四系分布区出现流量大的温泉，推断其来源应是本区北东向断裂的深循环地下水，断裂延伸隐伏于第四系之下，导水性能良好。

8.4.2　泄流

泄流是指河流切割含水层，地下水沿河呈带状向河流排泄的现象[1,2,5]。泄流只有在地下水水位高于地表水水位的情况下发生。泄流量的大小，决定于含水层的透水性、河床切穿含水层的面积以及地下水水位与地表水水位之间的水位差，可采用断面测流法、水文分割法和地下水动力学法确定。当河水与地下水化学组分及温度有较大差别时，也可综合利用稳定组分，同位素组分以及温度等求泄流量。

地下水向地表水排泄，提供经常性补充水量的同时，还提供化学组分；某些情况下，对于维护地表水的生态系统，有重要意义。

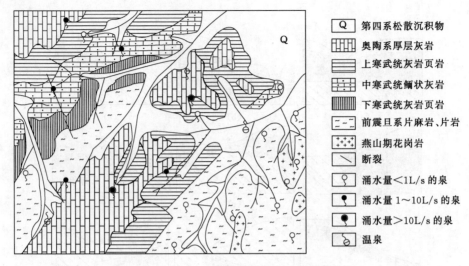

图 8.15　泉流量与岩层渗透性

（资料来源：张人权，2011 年）

8.4.3　蒸散

地下水的蒸散包括土壤蒸发和植物散发（蒸腾），是地下水转化为气态水向大气排泄的两种方式。通过土壤蒸发向大气排泄，是地下水的蒸发排泄；经由植物叶面散发向大气排泄，是地下水的散发排泄。蒸发和散发两者都是地下水的面状排泄，两者都具有"水去盐留"的特点。

干旱半干旱地区的细颗粒堆积平原和盆地，地下水埋深较浅时，土壤蒸发及植物散发是地下水的主要排泄方式。

1. 蒸发

松散沉积物中，潜水面以上存在支持毛细水带，地下水水位埋深较浅时，毛细水带接近地面，其顶面的液态水转化为气态水进入大气，潜水不断补充毛细水带，水量因而耗失。蒸发过程中，随着水分消耗，盐分积累于支持毛细水带及土壤表层，降水时，入渗水流淋滤盐分返回潜水。干旱半干旱气候下，地下水长期通过土壤蒸发消耗，水去盐留，导致土壤及地下水不断盐化。

影响地下水蒸发的主要因素是气候、潜水埋深以及包气带的岩性。这些因素相互耦合，影响地下水的蒸发量。

气候越干旱，潜水蒸发越强烈，水土含盐量也就越高。西北干旱内陆盆地，潜水 TDS 最高可大于 100g/L。湿润的川西平原，尽管地下水埋深很小，TDS 普遍小于 0.5g/L。

潜水埋深越小，蒸发消耗量越大；随着埋深加大，潜水蒸发衰减，一定深度以下，潜水不再蒸发。利用地中蒸渗仪测得河北省石家庄市的潜水蒸发量与埋深关系如图 8.16 所示。张朝新[81] 指出西北地区亚砂土中潜水发生蒸发的最大潜水位埋深为 6～7.5m。

包气带岩性通过控制毛细上升高度与速度而影响潜水蒸发。砂的毛细上升速度快，但毛细上升高度小，亚黏土和黏土毛细上升高度大，但毛细上升速度慢，都不利于潜水蒸发。粉质亚砂土及粉砂，有较高的毛细上升高度与速度，潜水蒸发量最为强烈。

地下水蒸发导致水土盐化，除了上述因素外，还受地下水径流强度影响。地下水径流强烈，盐分随地下水流动而流走，水土不会盐化。西北干旱地区的绿洲，尽管潜水埋深很小，但径流强烈，水土不发生盐化。潜水 TDS 高且埋深不大的地区，往往发生土壤盐碱化，利用排水渠道加速地下水径流，是防治盐碱化的重要途径。

地下水蒸发量的精确确定，迄今仍是一个难题。利用地中蒸渗仪测定时，人工边界及土样扰动等因素会影响测量精度。采用经验公式，根据水面蒸发量推求地下水蒸发量，也是一种常用方法[55]。

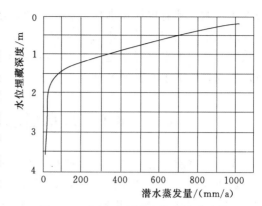

图 8.16　河北省石家庄市潜水蒸发量
与潜水位埋深关系曲线
（资料来源：张人权，2011 年）

2. 散发

植物生长过程中，根系吸收与潜水有联系的包气带水分，传输到表面（主要是叶面），转化为气态水逸失于大气，便是地下水的散发排泄（蒸腾排泄）。

植被茂盛的土壤，全年的蒸散量（即土壤蒸发和植物散发的总量）约为裸露土壤的两倍，有的甚至超过露天水面的蒸发量。新疆玛纳斯河灌区的林带，年耗水量约相当于1000～1400mm。叶尔羌灌区的果树年耗水量为 950mm，成熟杨树为 920mm。成熟树林降低地下水水位的影响范围一般为 125～150m，最大为 250m[82-84]。种植林木降低地下水水位，称为生物排水，是防治土壤沼泽化和盐碱化的一项措施。

与地下水的蒸发不同，散发的影响深度受植物根系深度的控制。某些树木的根系深达数十米，因此，散发影响深度有时远大于土壤蒸发。

散发消耗水分而遗留盐分，某些喜盐植物能够吸收部分盐分，最终枯萎后仍然将盐分遗留于地面，因此，与地下水蒸发排泄一样，地下水散发排泄也导致水土积盐。当植被根系深扎，地下水埋深大时，地下水盐化显著而土壤盐化不明显。

测定地下水散发排泄量，涉及包气带，地下水埋深以及植物种类，利用种植植株的蒸渗仪测定，局限性相当大。

单纯测定散发量，有多种方法。快速称重法（测定离体枝叶的散发量）是常用的简便方法[85]。利用基于热平衡原理的茎流计可直接测定较大植株的散发量[86]。利用卫星遥感资料估测总蒸散量，是近年来正在探索的方向[87,88]。

8.4.4　径流排泄

径流排泄是指向相邻含水层的排泄，通常可用达西公式确定。两个含水层之间存在水头差且有联系通道时，水头较高的含水层便通过径流排泄方式向水头较低的含水层排泄。具体见 8.5 节。

8.4.5　人工排泄

用井孔开采地下水、矿坑疏干排水、开发地下空间排水、农田排水等，都属于地下水的人工排泄。随着现代化进程的加快，我国许多地区，人工开采地下水已经成为地下水的主要排泄途径，进而导致地下水文循环发生了巨大的变化，尤其是北方工农业发达地区，高强度开采地下水已经引起一系列不良后果，导致河流基流消减甚至断流，损害生态环境，引起与地下水有关的各种地质灾害。

8.5　含水层之间的补给与排泄

不同含水层或含水系统，存在水力联系及势差时，便发生相互补给与排泄。

解决许多水文地质实际问题时，都需要查明目标含水层（含水系统）与邻接含水层（含水系统）间的补给与排泄关系，确定补给（排泄）量。地下水资源评价、开发与管理、矿坑疏干、农田排水、水库渗漏等，都有此必要。

在分析含水层（含水系统）之间的补给与排泄关系时，不仅要查明地质结构、水力要素，还要综合利用水化学信息与温度信息，校核数值模拟结果。

常见的含水层（含水系统）之间的水力联系方式有：含水层之间通过叠合接触部分发生补给排泄，如图 8.17（a）和（b）所示；含水层之间通过导水断层发生补给排泄，如图 8.17（c）所示；含水层之间通过穿越其间的井孔发生补给（排泄），如图 8.17（d）所示；含水层系统内部通过弱透水层越流而形成统一水力联系，如图 8.17（e）所示。

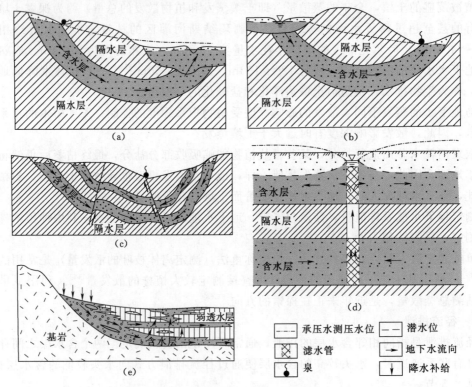

图 8.17　含水层之间的补给排泄

（a）承压水补给潜水；（b）潜水补给承压水；（c）含水层通过导水断层发生水力联系；
（d）含水层通过钻孔发生水力联系；（e）松散沉积物含水层通过"天窗"及越流发生水力联系

松散沉积物中，通过黏性土组成的弱透水层越流，连通上下多个砂砾含水层，从而构成具有统一水力联系的含水系统［图 8.17（e）］。但是，值得注意的是松散沉积物含水系统中，通过含水层顺层传输的水量，往往没有经由弱透水层的越流量大。人们可能会提出疑问，难道含水层的导水能力还不如弱透水层？

越流量可以利用达西定律分析（图 8.18）。穿越弱透水层的总越流量 Q 为

$$Q = vF = KIF = KF \frac{H_a - H_b}{M} \qquad (8.3)$$

式中　v ——单位面积的弱透水层越流量，即越流的渗透流速，m/d；

　　　F ——发生越流的弱透水层分布面积（越流过水断面面积），km²；

　　　K ——弱透水层垂向渗透系数，m/d；

　　　I ——驱动越流的水力梯度；

　　H_a ——含水层 A 的水头，m；

　　H_b ——含水层 B 的水头，m；

　　　M ——弱透水层厚度（越流渗透路径），m。

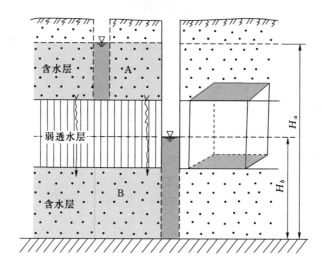

图 8.18　影响越流量因素

（资料来源：张人权，2011 年）

松散沉积物中黏性土层组成的弱透水层，多为透镜体状，存在天窗，其垂向渗透系数可能比砂质含水层渗透系数小 2～3 个数量级。然而，驱动越流的水力梯度经常大于 1，比含水层顺层流动的水力梯度大 2～3 个数量级；越流过水断面比含水层过水断面要大 1～2 个数量级。由此可知，经由弱透水层的越流量大于通过含水层运移的水量，并不奇怪。郭永海等[89] 得出，河北平原深层地下水开采量中，4％来自侧向补给，35.19％来自上部越流补给。

无论国际还是国内水文地质界，建立与接受越流概念，都经历了一个漫长过程。由此可见，不断破除过时的传统观念，建立新观念，是水文地质学发展的必由之路。

思　考　题

1. 试解释图 8.8 所示入渗速率随时间变化的原因。

2. 利用定水位埋深的地中蒸渗仪求取降水入渗系数时，可能产生哪些误差？原因是什么？

3. 降水以活塞式和捷径式入渗时，对地下水补给有何不同？

4. 平原中微小的地形起伏，对于降水补给地下水有何影响？

5. 试分析地下水径流条件对干旱半干旱地区水土盐化的影响。

6. 湿润平原区的潜水同样存在蒸发损耗，为什么水土不会盐化？

7. 试分析图 8.17 中影响含水层之间补给（排泄）量的因素。

扫描二维码阅读

本章数字资源

第 9 章　地下水动态与均衡

学习目标：掌握地下水动态与均衡的概念、影响地下水动态的因素、水均衡基本原理，以及水均衡方程式的表示方法；了解区域水均衡的研究方法。

重点与难点：影响地下水动态的因素，水均衡方程式的表示方法。

9.1　概　　述

含水层（含水系统）不断与外界环境发生物质、能量和信息的交换，时刻处于变化之中。在与环境（包括自然环境和人为环境）的相互作用下，地下水诸要素（水位、水量、化学成分、温度等）随时间的变化，称为地下水动态[1-3,5,90]。

地下水诸要素之所以随时间而变化，是外部环境（包括自然环境和人为环境）不断变化的结果。因为含水层（含水系统）与外部环境不断发生物质、能量和信息的交换，相互交换导致含水层（含水系统）水量、盐量、热量和能量的收支不平衡，收支不平衡就表现出地下水诸要素随时间的变化。例如，季节的变化会引起降水量的变化，当雨季来临，降水量逐渐增加，含水层（含水系统）的补给量随着逐渐增加，当补给量大于排泄量时，储水量就增加，地下水水位随之上升；反之，旱季来临，降水量逐渐减少，含水层（含水系统）的补给量随着逐渐减少，当补给量小于排泄量时，储水量就减少，地下水水位随之下降。再如，当地应力增强及外部荷载增大时，赋存地下水的含水介质受到的压力随之增大并将其传递到地下水，地下水水位随之上升；反之，地下水水位会下降。对于这种情况来说，它只引起了地下水能量的变化，并未引起地下水储水量的变化。

从上面的两个例子可以看出，外部环境的变化引起地下水诸要素的变化，可分为两种类型：一种是地下水储水量发生增减的变化；另一种是地下水储水量不发生增减的变化。一般将地下水储水量发生增减的变化，称为"真变化"；而将地下水储水量不发生增减的变化，称为"伪变化"。

同样，外部环境的变化引起盐量或热量的收支不平衡，将使其水质或水温发生变化。

某一区域（或范围）在某一时间段内，其地下水水量（盐量、热量）的收支状况，即收入与支出之间的平衡关系，称为地下水均衡。水量的收支关系就是水量均衡，盐量的收支关系就是盐量均衡，热量的收支关系就是热量均衡。当收入等于支出时称为均衡，收入大于支出时称为正均衡，收入小于支出时称为负均衡。地下水处于均衡的情况很少，一般都是在均衡附近上下波动，地下水动态就是其波动的外部表现。

9.2　地 下 水 动 态

9.2.1　地下水动态形成机制

关于地下水动态的形成，可以理解为：地下水动态是含水层（含水系统）对外界环境施加的激励（输入）所产生的响应（输出）。以一次大气降水入渗补给抬升潜水位为例加以说明，一次降雨-潜水位抬升过程，可以看成潜水位的抬升就是对降雨这个激励（输入）所产生的响应（输出）。如图 9.1 所示，由于包气带的滤波过程，响应（输出）有时间上的滞后和延迟。

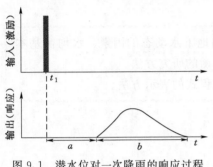

图 9.1　潜水位对一次降雨的响应过程
a—时间滞后；b—时间延迟

也可理解为：含水层（含水系统）对输入信息转换后产生的输出信息。以间歇性大气降水入渗补给抬升潜水位为例加以说明，间歇性降雨-潜水位抬升过程，可以看成潜水位的抬升就是将一系列的脉冲转换为波形的过程。如图 9.2 所示，包气带的滤波过程，对间歇性的降雨脉冲输入，转换成比较连续的潜水位变化。

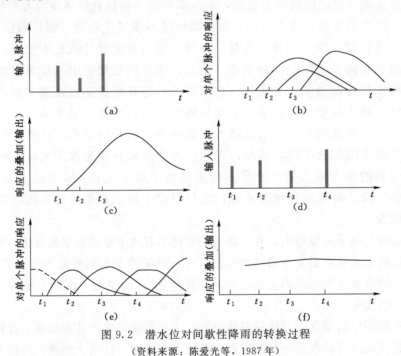

图 9.2　潜水位对间歇性降雨的转换过程
（资料来源：陈爱光等，1987 年）
(a) 降雨脉冲（输入）；(b) 对单个降雨脉冲的响应；(c) 响应的叠加（输出）；
(d) 降雨脉冲（输入）；(e) 对单个降雨脉冲的响应；(f) 响应的叠加（输出）

9.2.2　影响地下水动态的因素

地下水动态是含水层（含水系统）对外界激励（输入）转换后产生的响应（输出），

那么外界激励（输入）因素，会影响地下水动态，转换因素也会影响地下水动态。据此，影响地下水动态的因素可分为两大类[2]：一类是外界激励因素，包括气象（气候）因素、水文因素、生物因素、地质营力因素以及天文因素等。外界激励（输入）是地下水动态的根本原因，因此，外界激励因素是本源因素；另一类是转换因素，包括地形、地质构造、含水层类型、岩性、地下水埋深等地形、地质和水文地质因素等。

1. 外界激励因素

（1）气象（气候）因素。气象（气候）因素对地下水动态影响最为普遍。降水的数量及其时间分布，影响地下水的补给，从而影响地下水动态。气温、湿度、风速等与其他条件结合，影响地下水的蒸散排泄，从而影响地下水动态。大气压强可通过井孔影响周边小范围地下水水位。大气压强增大，井孔水位降低；大气压强降低，井孔水位抬升。大气压强变化引起的潜水井孔水位变化很小，通常为1cm左右；大气压强变化引起的承压水井孔水位变化大，可超过10cm[91]。大气压强引起的井孔水位变化，是"伪变化"。

气象（气候）要素具有昼夜、季节和年际、多年的周期性变化，因此，地下水动态也存在相似的周期性变化。但存在时间上的滞后和延迟现象。

夏季潜水位具有明显的昼夜动态，这主要是由于昼夜蒸散差异引起的。夏季，白天温度较高，植物生长旺盛，蒸散强烈，地下水水位下降；夜晚蒸发减弱、散发停止，得到来自周围地下水的补充，地下水水位上升。由蒸散引起的地下水水位的昼夜变幅可达数厘米[92]。

我国大多数地区为季风气候，旱季及雨季分明，地下水水位呈现明显的季节动态。夏季多雨，地下水水位抬升达到最高，雨季过后，地下水通过蒸散及（或）径流排泄，至次年雨季以前，地下水水位下降到最低，全年地下水水位呈单峰单谷形态（图9.3）。

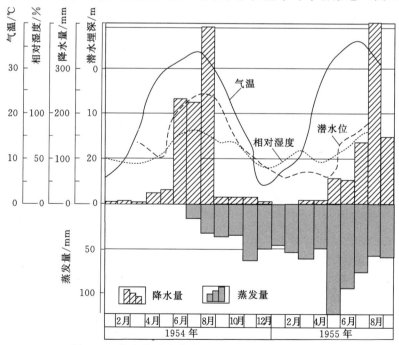

图9.3　潜水位动态曲线（1954—1955年，北京）

（资料来源：张人权，2011年）

气候的周期变化控制地下水动态的多年动态变化，其中，周期约为 11 年的太阳黑子变化，影响最为明显。太阳黑子平静期，降水丰沛，地下水水位高，地下水储存量增加；太阳黑子活动期，降水稀少，地下水水位低，地下水储存量减少（图 9.4）。

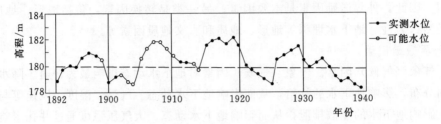

图 9.4　苏联卡明草原地下水水位多年变化曲线
（资料来源：张人权，2011 年）

（2）水文因素。地表水与地下水之间水力联系密切，通常地表水在高水位期补给地下水，而在低水位期则得到地下水补给[93]。

这种水力联系主要表现在地表水水位的变化以一定的速度和强度影响地下水水位。同样，地表水与地下水的相互补给关系自然也会引起地下水水质和水温的变化[93]。

邻近地表水体的地下水（主要是潜水），其动态过程明显地反映了地表水的作用。近岸地带潜水位是随地表水位的变化而变化，并且距离越近，变化幅度越大，同时其时间滞后和时间延迟也越短（图 9.5）；反之，越远离河流，其变化幅度就越小，时间滞后和时间延迟就越长，波形趋于平缓，最后到一定远处，地表水的影响即告消失，通常，该影响范围一般为数百米到数千米以内，影响带的宽度决定于近岸地带的岩性、地表水与地下水

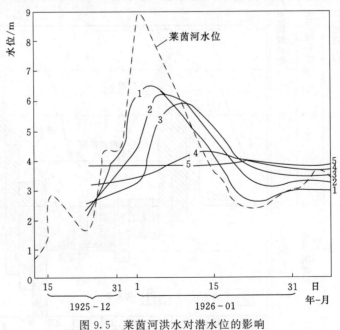

图 9.5　莱茵河洪水对潜水位的影响
（资料来源：张人权，2011 年）
1～5—观测井水位，数字越大离河流越远

的水位差、地表水水位的变化幅度及洪峰的延续性等一系列因素。在此影响带外，主要受气候因素的影响。地表水体对地下水水质和水温的影响范围，通常小于地下水水位波动范围。

滨海地区海洋潮汐会增加承压含水层的荷载，使承压水位呈现一天两次升降的周期性变化。例如，湛江市海潮引起的地下水水位升降幅度为 $0.1\sim1m$，最大可达到 $2.5m$[55]。

水文因素本身又受气象（气候）因素的影响，表现出昼夜、季节和多年的变化周期。因此，与地表水体联系密切的地下水，亦有昼夜、季节和多年的动态周期。

（3）生物因素。生物因素包括植物的散发作用与微生物群的生物化学作用两个方面[93]：

1）植物散发对潜水动态的影响。潜水埋藏越浅，这种影响也越明显。散发强度不仅因气候条件而异，也与植物的种类、年龄以及土壤的湿润程度有关。散发结果会引起埋藏不深的潜水位、水量和化学成分发生季节和多年的变化。灌区广泛利用这种作用来人工调节潜水动态。例如，新疆玛纳斯河灌区的林带，年耗水量约 $1000\sim1400mm$，一方面起到防治风沙的作用，另一方面起到生物排水的作用，防治土壤次生盐碱化的作用。

2）细菌对地下水化学成分的改变。这里所说的细菌包括硝化细菌、硫化细菌、磷化细菌、铁化细菌、脱硫细菌等，其中每种细菌的生存发育环境都是一定的（一定的 E_h 值与 pH 值环境等）。当环境变化时，细菌的作用发生改变，地下水化学成分也相应改变。这种作用在富含有机质的地层（如沥青质地层、含油地层、煤层等等）中发育最为广泛和显著。

（4）人为因素。人类活动通过增加地下水新的补给来源或新的排泄去路，影响地下水的天然均衡状态，从而改变地下水动态。

在天然条件下，由于气候因素在多年中趋于某种平均状态，因此，一个含水层（含水系统）多年的补给量、排泄量和储存量保持平衡状态，地下水水位围绕某一平均水位上下波动，而不会持续上升或下降，水质稳定的趋向淡水或盐化。

井孔开采地下水、矿坑的疏干排水以及灌区的排水渠道排除地下水等方式是最常见的人工排泄。这些新增的人工排泄，将减少甚至完全替代原有的天然排泄，如泉流量减少或枯竭、向河流的泄流量减少或终止、蒸发减弱等；有时，还伴随某些补给的增加，如地下水由补给河流而转变为接受河水补给，原先潜水埋深过浅降水入渗受到限制的地段，因埋深加大而增加降水入渗补给量。

如果地下水开采一段时间后，新增的补给量及减少的天然排泄量之和与人工排泄量相等，则含水层（含水系统）收支达到新的均衡，地下水水位将维持在比原先平均高程更低的位置，以更大的幅度上下波动，但不会持续下降（图 9.6）。

如果人工开采量过大，新增的补给量及减少的天然排泄量之和，不足以补偿人工排泄量时，地下水水位持续下降（图 9.7）。

修建水库、引外来地表水灌溉等，都会增加新的人工补给，而抬高地下水水位。例如，河北省冀县新庄，1974 年初地下水埋深大于 4m，引外来地表水灌溉后，到 1977 年雨季，潜水位接近地表，发生次生沼泽化，导致农业大幅度减产（图 9.8）。

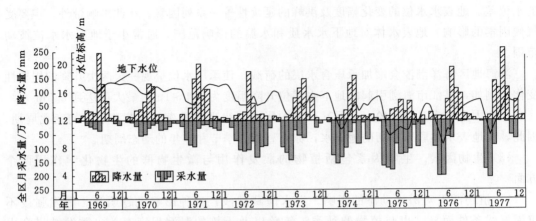

图 9.6 河北饶阳地区地下水水位动态曲线
（资料来源：张人权，2011 年）

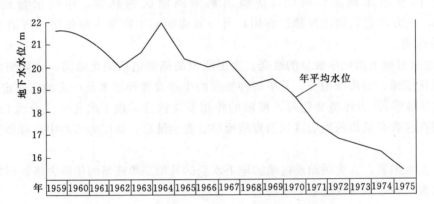

图 9.7 河北省保定市西部地下水水位变化曲线
（资料来源：张人权，2011 年）

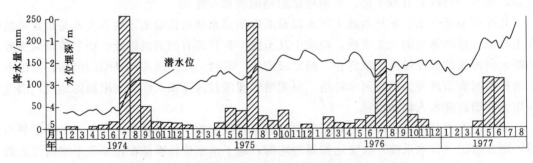

图 9.8 河北省冀县新庄地下水水位随降水量变化曲线
（资料来源：张人权，2011 年）

（5）其他因素。地震、固体潮、外部荷载等都会引起地下水要素的变化。

地震孕震及发震阶段的地应力变化，会引起地下水水位、化学成分等变化。例如，1975 年 2 月 4 日辽宁海城发生 7.3 级大地震，震前附近地区地下水水位上升随后下降，震后大幅度回升，如图 9.9 所示[94,95]。

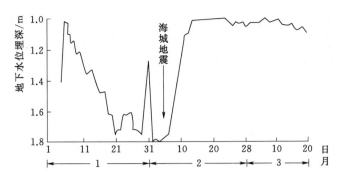

图 9.9　1975 年海城 7.3 级地震前后丹东文斌井地下水水位变化

（资料来源：杨成双，1982 年；张人权，2011 年）

　　如图 9.10 所示，1974 年 1 月起至地震发生，地下水中还出现氡（Rn）异常[96]。此次地震，根据包括地下水动态在内的各种前兆，成功进行了地震预报，避免了大量伤亡。但需要注意的是，地下水动态异常不一定是地震前兆，迄今为止，正确鉴别地下水异常是否为地震前兆仍是一个亟待解决的课题[97]。

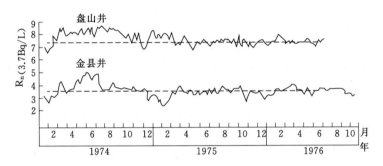

图 9.10　1975 年海城 7.3 级地震前后地下水 Rn 异常

（资料来源：张立海等，2007 年；张人权，2011 年，有修改）

　　内陆地区的承压含水层，可以观测到周期为 12h 的测压水位波动。这是由于月亮及太阳对地球表面的吸引而发生的固体潮引起的。当月亮运行到某地中天时，承压含水层荷载减小，测压水位出现厘米级波动。满月月亮达到中天位置时，月亮和太阳对地球表面吸引力的合力最大，测压水位降低幅度最大[91]。

　　火车停车及开动，会使附近承压含水层测压水位出现厘米级的升降[91]。

　　2. 转换因素

　　如果将影响地下水动态的外界激励因素（本源因素）看作信息源，那么，含水系统构造便是信息转换器，对输入信号进行滤波或增强，然后输出为我们观测到的地下水动态。具体而言，地形、地质构造以及非变动性水文地质条件，是影响地下水动态的转换因素。这些因素对地下水动态的影响不像气象因素那样，反映在其周期性上，而只反映在其形成特征方面。

　　（1）地形因素。地形高的地方，一般为补给区，远离排泄区，水位变化显著；地形低的地方，靠近排泄区，不断得到地下水径流补给，水位变化不显著。

　　（2）地质因素。大气降水入渗补给潜水时，包气带岩性及厚度，对降水脉冲起滤波作用，因而会影响潜水位变化的过程。潜水位埋深大、包气带渗透性弱，对降水脉冲的滤波作用就越强，反之就越弱。含水层给水度的大小对水位的升降有明显的影响，补给量相同时，给水度大则水位上升幅度小，反之就大。河水引起潜水位变动时，含水层的透水性越好，厚度越大，含水层的给水度越小，则波及范围就越远。如图 9.11 所示，

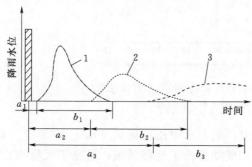

图 9.11　不同地质条件潜水位对降雨的响应
（资料来源：张人权等，2011 年）

图中波形变化的水位分别代表不同类型包气带：1 为包气带渗透性良好（此时包气带厚度影响可以忽略），2 为包气带渗透性及厚度均为中等，3 为包气带渗透性低且厚度大。地下水水位抬升对降雨的响应分别为：1 为时间滞后及时间延迟都短的尖峰，2 为时间滞后及时间延迟都属中等的波峰，3 为时间滞后及时间延迟都很大的缓峰。连续若干次降雨，在一定条件下，可形成叠合波峰（图 9.2）。

饱水带岩性也会影响潜水位变化幅度的大小。当潜水含水层获得入渗补给时，潜水储存量的变化量以给水度 μ 与水位变化幅度 Δh 之积 $\mu \Delta h$ 表示，当入渗补给量相同时，给水度 μ 越大，潜水位抬升值 Δh 便越小；承压含水层获得补充水量或能量时，承压水储存量的变化量以弹性给水度 μ_e（储水系数 S）与测压水位变化幅度 Δh_c 之积 $\mu_e \Delta h_c$ 表示。由于 μ_e 比 μ 小 1~3 个数量级，接受相同量的补给或增加同等应力时，承压水测压水位抬升幅度比潜水位大得多。因此，可以看出，饱水带岩性对潜水含水层水位变化幅度影响较小，而对承压含水层的测压水位变化幅度影响较大。

潜水含水层水位的变化，通过质量传输完成；而承压含水层中测压水位的变化，则是压力传递的结果。压力传递速度远大于质量传输。例如，河水补给承压含水层时，测压水位的变化，滞后时间短，波及距离大。

地质构造对地下水动态的影响，从潜水和承压水动态形成的根本差异方面便可得到很好说明。承压含水层的隔水顶板限制了承压水和大气及地表水的联系，只能在有限的范围内接受补给，因此，承压水水位动态变化通常小于潜水。构造越封闭时，承压水的动态变化越不明显。

（3）水文地质条件。地下水埋深也影响地下水动态。地下水埋深过浅，毛细饱和带接近地面，则不利于大气降水对地下水的补给；地下水埋深过大，包气带截留水量增加，则也不利于大气降水对地下水的补给。同时，对干旱半干旱地区，地下水埋深过浅，蒸发强烈，水土向盐化方向发展；地下水埋深过大，蒸发微弱甚至没有，水土趋于稳定。因此，不同的地下水埋深，影响地下水动态的形成特征。

地下水流系统的不同部位，地下水水位的波动幅度也不同：区域系统的补给区，地下水水位变幅最大，排泄区变幅最小；局部系统的补给区，地下水水位变幅较大，排泄区变幅较小。原因在于：排泄区附近获得补给时，受排泄区高程限制，水力梯度显著增大，径流排泄明显加强，地下水水位不可能明显抬升；补给区接受降水补给时，因远离排泄区，水力梯度无明显增加，径流增强也不大，水位得以累积抬升。随后，由排泄区向补给区，水力梯度溯源增大，补给区径流加强，水位逐渐下降。

我国南方岩溶水区域水流系统的补给区，地下水水位对降水响应迅速，并且变动幅度很大，可以达到数十米，这是多种因素综合影响的结果。岩溶含水介质，具有空隙尺寸大，空隙率小的特点。空隙尺寸大，渗透性良好，有利于降水大量快速入渗；雨季过后，由于良好的渗透性，径流强烈，地下水水位迅速降低，空隙率小（相当于给水度小），接受补给时地下水水位抬升幅度大，发生排泄时地下水水位下降幅度大。

9.2.3 天然地下水动态类型

关于天然地下水动态类型，不同的研究者从不同的角度，提出了各种地下水动态类型。

本书参照阿里托夫斯基（1956 年）分类，以补给和排泄的组合方式为基础，结合我国气候、地形特征，兼顾地下水水量和水质的时间变化，主要考虑如下四种天然地下水动态类型[2]。

1. 入渗-径流型动态

入渗-径流型动态，接受大气降水及地表水入渗补给，以径流方式排泄，地下水化学成分形成作用以溶滤为主。

此类动态广泛分布于不同气候条件下的山区及山前，接受大气降水入渗补给，由于地形切割强烈，地下水埋藏深，蒸散排泄可以忽略，以径流排泄为主。动态的特点是：年水位变化幅度大且不均匀，由补给区到排泄区，年水位变化幅度由大变小。水质季节变化不明显，水土向淡化方向演变。

2. 径流-蒸散型动态

径流-蒸散型动态，以侧向径流补给为主，以蒸散方式排泄，地下水化学成分形成作用以浓缩作用为主。

此类动态，主要分布在干旱、半干旱内陆盆地远山及盆地中心部位，岩性为细粒土，地下水埋深浅，降水稀少，以侧向径流补给为主，以蒸散排泄为主。动态的特点是：年水位变化幅度小且均匀，水质季节变化不明显，水土向盐化方向发展，土壤易盐渍化。

3. 入渗-蒸散型动态

入渗-蒸散型动态，以接受当地降水入渗补给为主，以垂向运动为主，水平径流微弱，就地蒸散排泄，地下水化学成分形成作用为溶滤-浓缩间杂发生。

此类动态主要分布于半干旱平原和盆地内部，受季风影响，季节性干湿变化明显，在微地形的控制下，局部水流系统发育。因此，地下水由补给区向排泄区短程径流，地下水水位变化幅度较小。时间上，溶滤和浓缩作用交替出现，空间上，溶滤和浓缩作用间杂发生。

4. 入渗-弱径流型动态

入渗-弱径流型动态，以接受当地降水入渗补给为主，蒸散与径流排泄均微弱，地下水化学成分形成作用以溶滤作用为主。

此类动态主要分布于湿润平原和盆地，由于气候湿润，降水丰富，地形高差小，径流及蒸散排泄均微弱，地下水水位变化幅度小，水质季节变化不大，水土向淡化方向演变。

当然，上述四大类型，难以完全概括我国复杂的地下水动态。因此，在实际工作中需要根据实际情况加以变换应用。例如，干旱内陆盆地的绿洲，地下水埋藏很浅，降水稀少，蒸散强烈，天然地下水水位变化幅度小，且水土长期并不盐化，这里的地下水动态，实际上属于径流-径流型，经常性径流排泄，将地下水中盐分不断带走。

再如，干旱半干旱平原，在人工开采下，潜水位降低，原有的径流-蒸散型及入渗-蒸散型动态，将转化为径流-径流型及入渗-径流型动态，水土不再继续盐化。潜水位埋深过大时，将出现土地荒漠化的威胁。

干旱半干旱平原和盆地，长期调度外来水源灌溉，将会大幅度抬升地下水水位，使蒸散排泄加强，土地盐碱化扩大，甚至变绿洲为荒漠。例如，20 世纪 50 年代末期至 60 年代初，河北平原实行"以畜为主"的水利方针，使地下水水位普遍抬升，蒸散加强，盐碱地面积从原有的 272.07 万 hm²，迅速扩大到 412.53 万 hm²。20 世纪 70 年代以来，大力开发浅层地下水，到 80 年代中期，盐碱地面积减少到 171.07 万 hm²[98]。

9.3　地 下 水 均 衡

9.3.1　均衡区与均衡期

一个地区的水均衡研究，就是应用质量守恒定律去分析参与水文循环各要素的数量关系。以地下水为对象的均衡研究，目的在于阐明某个地区在某一时间段内，地下水水量（盐量、热量）收入与支出之间的数量关系。进行均衡计算所选定的地区称为均衡区。均衡区最好选取具有隔水边界的完整的地下含水系统。进行均衡计算的时间段，称为均衡期，可以是某一时间段、一年或若干年。

天然条件下，一个地区的气候，经常围绕平均状态发生波动。多年统计，气候趋近平均状态，地下水保持收支平衡；年内及年际，气候（气象）发生波动，地下水也经常处于不均衡状态，表现为地下水诸要素随时间发生有规律的变化，这便是地下水动态。

地下水均衡研究，要分析均衡的收入项与支出项，列出均衡方程。通过测定或估算均衡方程的各项，求算某些未知项。地下水均衡研究还不够成熟，目前多限于水量均衡研究。在我国，结合生产实际的地下水均衡研究，主要是灌溉条件下的潜水水量均衡[83,99]。

9.3.2　水均衡方程

如图 9.12 所示，天然状态下，陆地上某一地区、某一时段总的水均衡收支项包括如下各项。

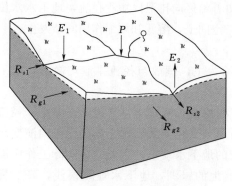

图 9.12　天然状态下水均衡模式
（资料来源：张人权等，2011 年，有修改）

收入项（A）包括：大气降水量（P）、地表水流入量（R_{s1}）、地下水流入量（R_{g1}）和水汽凝结量（E_1）。

支出项（B）包括：地表水流出量（R_{s2}）、地下水流出量（R_{g2}）和蒸散量（E_2）。

均衡期始末该地区储水量的变化量为 ΔW。

则，水均衡方程可表示为

$$A - B = \Delta W \tag{9.1}$$

即

$$(P + R_{s1} + R_{g1} + E_1) - (R_{s2} + R_{g2} + E_2) = \Delta W \tag{9.2}$$

$$P + (R_{s1} - R_{s2}) + (R_{g1} - R_{g2}) + (E_1 - E_2) = \Delta W \tag{9.3}$$

或

$$P + (R_{s1} - R_{s2}) + (R_{g1} - R_{g2}) + (E_1 - E_2) = \Delta W_s + \Delta W_a + \Delta W_u + \Delta W_c \tag{9.4}$$

$$\Delta W_u = \mu \Delta h F \tag{9.5}$$

$$\Delta W_c = \mu_e \Delta h_c F \tag{9.6}$$

式中　ΔW——包括地表水储水量的变化量（ΔW_s）、包气带储水量的变化量（ΔW_a）、潜水储水量的变化量（ΔW_u）和承压水储水量的变化量（ΔW_c），m^3；

　　　μ——潜水含水层的给水度；

　　　μ_e——承压含水层的弹性给水度；

　　　Δh——均衡期潜水位的变化值（上升用正号，下降用负号），m；

　　　Δh_c——承压水测压水位的变化值，m；

　　　F——研究区计算面积，m^2。

9.3.3　潜水均衡方程

如图 9.13 所示，设定地下水流向与剖面平行，若透水层顶板为均衡区下边界，对于潜水均衡，其收支项包括如下各项。

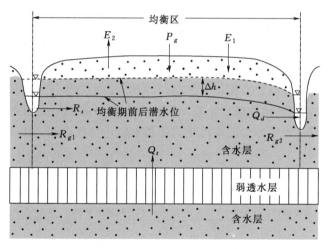

图 9.13　潜水均衡示意图

(资料来源：张人权等，2011 年，有修改)

潜水收入项（A'）包括：大气降水入渗补给量（P_g）、地表水入渗补给量（R_s）、上游断面潜水流入量（R_{g1}）、凝结水补给量（E_1），下伏半承压含水层越流补给量（Q_t），如果潜水向半承压水越流排泄没，则 Q_t 列为支出项。

潜水支出项（B'）包括：潜水以泉水或泄流形式的排泄量（Q_d）、下游断面潜水流出量（R_{g2}）、潜水蒸散量（E_2）。

均衡期始末潜水存储量变化量为 $\Delta W_u = \mu \Delta h F$。则，水均衡方程可表示为

$$A' - B' = \mu \Delta h F \tag{9.7}$$

即

$$(P_g + R_s + R_{g1} + E_1 + Q_t) - (Q_d + R_{g2} + E_2) = \mu \Delta h F \tag{9.8}$$

此为潜水均衡方程的一般形式。一定条件下，某些均衡项可忽略。例如，通常凝结水补给量很少，因此 E_1 可忽略不计；地下径流微弱的平原区，可以认为 R_{g1}、R_{g2} 近似于零，因而也可以忽略不计；无越流的情况下，Q_l 也不存在；地形切割微弱，径流排泄不发育时，Q_d 也可以忽略不计。去除以上各项后，方程简化为

$$P_g + R_s - E_2 = \mu \Delta h F \tag{9.9}$$

多年均衡条件下，$\mu \Delta h F$ 趋于零，则

$$\overline{P_g} + \overline{R_s} = \overline{E_2} \tag{9.10}$$

式中　$\overline{P_g}$ ——多年平均大气降水入渗补给潜水量；

　　　$\overline{R_s}$ ——多年平均地表水入渗补给潜水量；

　　　$\overline{E_2}$ ——多年平均潜水蒸散量。

这是典型半干旱平原或盆地中心潜水均衡方程式。此时，入渗补给潜水的水量消耗于蒸发，属入渗-蒸散型地下水动态。

典型湿润山区的潜水均衡方程式为

$$\overline{P_g} + \overline{R_s} = \overline{Q_d} \tag{9.11}$$

式中　$\overline{Q_d}$ ——潜水以泉水或泄流形式的多年平均排泄量，表明入渗补给的水量全部以径流形式排泄，属入渗-径流型地下水动态。

9.3.4　大区域地下水均衡研究中的一些问题

含水层（含水系统）获得的多年平均年补给量，是可永续利用水资源量的上限。对于大型含水系统，除了统一求算补给量，往往还需要分别求算各子系统的补给量。此时，应注意避免上下游之间，浅层水、深层水之间，以及地表水与地下水之间的水量重复计算。

图 9.14 为一个堆积平原孔隙含水系统，包含山前冲洪积平原潜水，冲积湖积平原浅层水及深层水。冲积湖积平原中的黏性土为弱透水层，自浅而深，由无压的浅层水逐渐转变为半承压的深层水。

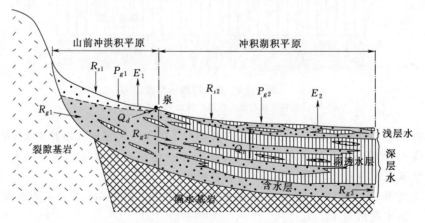

图 9.14　堆积平原孔隙含水系统均衡模式示意图

（资料来源：张人权等，2011 年，有修改）

天然条件下，多年水量均衡，地下水储存量的变化量趋于零。各部分的水量均衡方程式如下（等号左侧为收入项，等号右侧为支出项）。

山前冲洪积平原潜水：

$$\overline{P}_{g1} + \overline{R}_{s1} + \overline{R}_{g1} = \overline{E}_1 + \overline{Q}_d + \overline{R}_{g2} \tag{9.12}$$

冲积湖积平原浅层水：

$$\overline{P}_{g2} + \overline{R}_{s2} + \overline{Q}_t = \overline{E}_2 \tag{9.13}$$

冲积湖积平原深层水：

$$\overline{R}_{g2} = \overline{Q}_t + \overline{R}_{g3} \tag{9.14}$$

式中　　$\overline{P}_{g1}$、$\overline{P}_{g2}$——山前冲洪积平原及冲积湖积平原多年平均降水入渗补年给量；

$\overline{R}_{s1}$、$\overline{R}_{s2}$——山前冲洪积平原及冲积湖积平原多年平均地表水入渗年补给量；

$\overline{R}_{g1}$、$\overline{R}_{g2}$、$\overline{R}_{g3}$——山前冲洪积平原上、下游断面及冲积湖积平原下游断面多年平均地下水年流入流出量；

$\overline{E}_1$、$\overline{E}_2$——山前冲洪积平原及冲积湖积平原多年平均年蒸散量；

$\overline{Q}_t$——深层水越流补给浅层水的多年平均年补给量；

其余符号意义同前。

则整个含水系统的水量均衡方程式为

$$\overline{P}_{g1} + \overline{P}_{g2} + \overline{R}_{s1} + \overline{R}_{s2} + \overline{R}_{g1} = \overline{E}_1 + \overline{E}_2 + \overline{Q}_d + \overline{R}_{g3} \tag{9.15}$$

如果简单地将含水系统各部分均衡式中的收入项累加，则整个系统的收入项中，$\overline{R}_{g2}$ 和 $\overline{Q}_t$ 有重复计算。

从图 9.15 中很容易看出：冲积湖积平原深层水并没有独立的补给项，其收入项 $\overline{R}_{g2}$ 就是山前冲洪积平原潜水下游断面地下水多年平均年流出量。同样，冲积湖积平原浅层水收入项 $\overline{Q}_t$ 就是深层水越流多年平均越流排泄量。$\overline{R}_{g2}$ 和 $\overline{Q}_t$ 都是含水系统内部发生的水量交换，而不是含水系统与外界的水量交换。

在开采条件下，含水系统内部及其与外界之间的水量均衡，将发生一系列变化。假定单独开采山前冲洪积平原的潜水，则水量均衡将产生以下变化：

（1）随着潜水位下降，地下水不再溢出成泉，$Q_d = 0$。

（2）与冲积湖积平原间水头差变小，山前冲洪积平原地下水流入冲积湖积平原的水量 R_{g2} 减少。

（3）随着水位的下降，蒸散减弱，E_1 变小。

（4）与山区地下水水头差变大，山区地下水流入量 R_{g1} 增加。

（5）地表水与地下水水头差变大，地表水入渗补给量 R_{s1} 增大。

（6）潜水埋深浅的地带水位变深，可能使降水入渗补给量 P_{g1} 增大。

与此同时，对地表水以及邻区地下水均衡产生以下列影响：

（1）山区至冲洪积平原的地表水径流量减少。

（2）冲积湖积平原地下水侧向补给量以及深层水越流水补给浅层水水量减少。

（3）由山前冲洪积平原流入冲积湖积平原的地表径流量减少，从而使冲积湖积平原接受地表水补给减少。

不仅含水系统各部分的水是一个整体，地下水与地表水也是不可分割的整体，从更大的视野看，地表水、地下水以及它们支撑的生态环境系统，共同构成更高一级的系统。人为活动影响下，天然地下水均衡状态破坏，会导致一系列影响广泛地连锁反应。

开采条件下的孔隙含水系统地下水均衡计算时，必须考虑黏性土塑性压密量[100,101]。空隙含水系统的深层水属于半承压水，开采以后，测压水位下降十分显著。开采使孔隙水压力降低，而上覆载荷不变，黏性土层将发生塑性压密释水。停止开采，测压水位恢复到开采前的位置，黏性土层因塑性压密而不能回弹，压密损失的那部分储水量将永久损失而不可恢复，数量上大致相当于地面沉降量。黏性土压密释水量往往可以占到开采水量的百分之几十，如果忽略黏性土压密释水量，均衡计算会产生相当大的误差。

9.4　地下水动态与均衡的关系

地下水动态与地下水均衡关系密切，地下水动态是地下水均衡的外在表现，地下水均衡是地下水动态的内在原因（实质），而地下水均衡的根本原因是外部环境的变化。地下水均衡的性质和数量决定了地下水动态变化的方向与幅度，地下水动态反映了地下水的数量和质量随时间变化的规律，含周期规律和趋势性变化。因此，为了合理地开发利用地下水和有效防范其危害，必须掌握地下水动态。

地下水动态与均衡研究对水文地质工作具有重要的意义，表现在以下几个方面。

（1）在天然条件下，地下水动态是地下水埋藏条件和形成条件的综合反映，可根据地下水动态特征来分析、认识地下水的埋藏条件、水量、水质形成条件和区分不同类型的含水层。

（2）地下水动态是地下水均衡的外在表现，可利用地下水动态资料去计算地下水的某些均衡要素，如入渗系数、储存量、蒸散量等。

（3）地下水的数量和质量均随时间而变化，因此一切水量、水质的计算与评价都必须有时间的概念，地下水动态资料是地下水资源评价和预测必不可少的依据。

思　考　题

1．试比较接受大气降水与河流补给时，地下水水位的响应有哪些共同点与不同点？

2．河流补给地下水时，潜水和承压水水位的响应有何不同？为什么？

3．河流对地下水水质和温度的影响范围，通常小于对地下水水位的影响范围。原因是什么？

4．同一含水层接受补给时，补给区的水位变化幅度大，排泄区的水位变化幅度小，这是为什么？

5．天然地下水动态主要有哪些类型？

扫描二维码阅读

本章数字资源

第 10 章　不同含水介质中地下水

学习目标：了解孔隙水、裂隙水和岩溶水的赋存规律及特征；掌握冲洪积扇中地下水的赋存、运动和水化学特征；了解冲积物、湖积物和黄土区中地下水的特征；了解裂隙水的类型；掌握构造裂隙水的分布特征和影响因素；掌握岩溶发育的条件及影响因素；了解岩溶含水系统的演变过程与影响因素；掌握岩溶水的赋存和运动特征；初步掌握岩溶水系统的分析方法。

重点与难点：孔隙水的赋存规律及特征；冲洪积扇中地下水的分带性特征及赋存和运动特点；分析孔隙含水系统水文地质问题的思路与方法；掌握构造裂隙水的分布特征和影响因素；岩溶与岩溶作用及其与溶滤作用的区别，岩溶含水系统的演变与地质控制作用，岩溶水的特点。

多孔含水介质包括孔隙介质、裂隙介质和岩溶介质，赋存于其中的地下水分别称为孔隙水、裂隙水和岩溶水。不同含水介质中，地下水特征明显不同。本章主要讲述三大类型多孔含水介质中的地下水的类型、渗流特征及运动规律等基本理论和相应的研究方法。

10.1　孔　隙　水

孔隙水是指赋存于松散沉积物颗粒或颗粒集合体构成的孔隙网络中的地下水[3,5]。按含水层埋藏条件，孔隙水可分为孔隙潜水和孔隙承压水。

孔隙水呈层状分布，空间上连续均匀，含水系统内部水力联系良好，因此，在孔隙水系统中打井取水，成功率非常高。通常，孔隙水顺层渗透性好而垂直于层面的渗透性差，为层状非均质介质。

不同成因类型的松散沉积物，其空间分布、岩性结构以及地下水赋存特点均有不同。

残积物和坡积物多不构成含水层。分布最广、最有水文地质意义的是水流沉积物，包括洪积物、冲积物、湖积物、滨海三角洲沉积物，以及冰水沉积物等。

水流搬运与堆积颗粒的能力取决于流速。流速由大变小时，颗粒自大而小依次沉积。因此水流的动力环境决定着颗粒的空间分布，从而控制含水层和相对隔水层的空间展布，决定孔隙水系统的结构。例如，洪流堆积物呈扇形，河道堆积物呈条状，湖泊堆积物的平面展布呈同心圆状。水流动力环境的变化不但控制着岩性结构，还控制着堆积地貌，从而影响孔隙水系统的补给、径流与排泄。

在特定的气候与新构造运动条件下，由山前到盆地中心，或由山前经平原到滨海，孔隙水系统的水量水质呈现有规律的演变[2]。

沉积物堆积至今，区域地质背景（如基底构造、构造运动等）及自然地理背景（如气候、地貌等）的演变，直接或间接地影响松散沉积物以及赋存于其中地下水的特征。因此，回溯地质、自然地理演变史，重塑沉积水流的动力环境，乃是掌控孔隙水系统地下水形成演变规律的关键[2]。

下面分别讨论洪积物、冲积物、湖积物及黄土区的地质、水文地质特征。

10.1.1　冲洪积扇中的孔隙水

冲洪积扇是指干旱半干旱山区河流出山口处由冲积洪积物组成的扇形堆积地貌。暴雨或冰雪消融季节，流速极大的洪流，经由山区河槽流出山口，进入平原或盆地后，不受固定河槽的约束，加之地势突然转为平坦，集中的洪流转变为树枝状的散流，流速顿减，搬运能力急剧降低，洪流携带的物质以山口为中心堆积成扇形，称为洪积扇。间歇性水流往往同时伴随常年性水流，此时山前形成冲洪积扇，如图 10.1 所示。山前地带各个出山口形成的冲洪积扇相连，构成冲洪积扇群，扇群沿山麓分布就形成山前倾斜平原。其宽度从数米到数千米甚至数十千米，纵向延伸数千米到数十千米，甚至一二百千米。其边缘与中部冲积平原衔接，但没有明显的界线。在中国干旱半干旱的北方，这种冲洪积扇特别发育，这是因为这些地区降水总是以暴雨形式出现，洪流量大，冲刷能力强，再加上地表植被稀疏，岩石风化强烈。

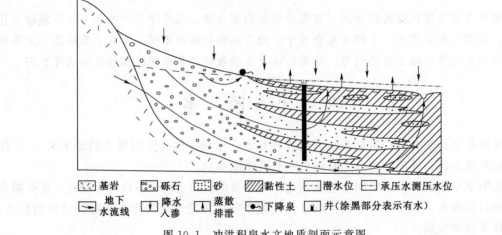

图 10.1　冲洪积扇水文地质剖面示意图

作为堆积地貌，冲洪积扇的地形与岩性，由扇顶向前缘及两侧呈规律性变化。地形最高的扇顶，多堆积砾石、卵石、漂砾等，层理不明显；沿着水流方向，随着地形降低，过渡为砾及砂，开始出现黏性土夹层，层理明显；没入平原或盆地的部分，则为砂与黏性土的互层。流速的陡变决定了冲洪积物分选不良，在卵砾石为主的扇顶，也常出现砂和黏性土的夹层或团块，甚至出现黏性土与砾石的混杂沉积物，随着水流方向分选变好。

干旱半干旱气候下，冲洪积扇中地下水的水量水质均呈明显分带性。

冲洪积扇顶部，属潜水深埋带或盐分溶滤带。接受大气降水及山区流出地表水的补给，是主要的补给区；潜水埋深大（数米乃至数十米），地下水水位变幅大，地下径流强烈，为低 TDS 水（数十毫克/升到数百毫克/升）。干旱内陆盆地，此带地表水全部转入地下。

冲洪积扇前缘，属潜水溢出带或盐分过渡带。随着地形变缓，颗粒变细，地下径流受阻，潜水溢出地表，形成泉与沼泽；此带地下水水位变幅小。干旱内陆盆地，此带地下水重新转向地表，形成荒漠中的绿洲，是主要农牧带。

冲洪积扇前缘以下，属潜水下沉带或盐分积聚带。潜水埋深比溢出带有所增大，由于岩性变细，地势平坦，潜水埋深不大，蒸散成为主要排泄方式，地下水 TDS 明显增大，土壤容易发生盐碱化。干旱内陆盆地，地下水的最终归宿，是区域性地下水流系统的终点——盐湖。

由洪积扇顶部到盆地中心，显示良好的地貌-岩性-地下水分带。地形坡度由陡变缓，岩性由粗变细，地下水水位由深到浅，补给条件由好变差，排泄由径流为主变化到以蒸散为主，水化学成分形成作用由溶滤作用转为浓缩作用。

10.1.2 冲积平原中的孔隙水

冲积平原是在地壳沉降时期，由河流沉积作用形成的平原地貌。在地壳沉降时期，河水所携带的大量泥沙，到了下游由于地势平缓流速变小，不足以携带泥沙，结果这些泥沙便沉积在下游。沉降幅度大，堆积深厚；沉降幅度小，则堆积浅薄。例如，中国最大的东北松辽平原，北部沉积厚度为 210m，南部下松辽平原最厚达 300m 以上；黄淮平原自新生代以来一直是大型沉降带，其沉积厚度一般为 200～600m。如此深厚的松散沉积层，为地下水的储存提供了巨大的空间。

在洪水泛滥河流改道时期，泥沙在河两岸沉积，冲积平原便逐渐形成。任何河流在下游都会有沉积现象，尤以一些较长的河流为甚。世界上最大的冲积平原亚马孙平原，由亚马孙干流、支流冲积而成。中国的东北平原、黄淮海平原、长江中下游平原、珠江三角洲等都是冲积平原。其特征是地势低平、起伏和缓，相对高度一般不超过 50m，坡度一般在 5°以下。

冲积平原的沉积物以冲积物为主，有河床相（砂、砂砾石）、河漫滩相（细粒土）、牛轭湖相和湖沼相沉积（淤泥和淤泥质土）。粗粒的砂、砂砾是冲积平原的透水层；河漫滩相和湖沼相沉积物的透水性较差，给水性甚小，它们构成相对的隔水层。

冲积平原地下水的形成和分布除受岩性和地形条件的控制外，还受水文、气候等因素的影响。平原河流冲积物的岩性特点是颗粒小，即使靠近河槽部位也多为中、细砂或粉砂，再加上地形坡度平缓，因此，地下水埋深浅，径流缓慢，而垂直交替在数量上占相当大的比重，在中国的北方干旱半干旱地区，甚至成为主要的天然排泄方式，这是平原地区地下水的重要动态特征。

在沉降幅度较大的平原，其深部常有一些较老的沉积，如古老的洪积、冲积、冰积、湖积和海相沉积。洪积、冰积、冲积多为沙砾层，湖积和海积为淤泥质黏性土。河流发育过程中，又往往多次泛滥并改道以及冲积扇的重叠，使粗细沉积互相叠置，呈现多层结构，具有粗细相间的多层沉降韵律。在垂直剖面上，构成若干个层次，如图 10.2 所示，除上部为潜水外，大部分含水层有承压性。例如，黄淮平原 60～80m 深度以上为潜水和微承压水；在 60～80m 以下，就有若干个承压含水层，埋深越大，承压水头越高。在平面分布上，由于河流的改道，形成粗粒的河床相沉积物呈长带状分布，这些古河道带成为良好的富水带。但随着远离河床，沉积颗粒由粗粒过渡为极细砂、粉砂，低洼的河间地段为湖沼相淤泥质沉积。岩性的这种分布导致近河地带透水性较强，接受河水和降水的补给，水量充沛，TDS低，水质较好，为重碳酸型水；远离河流为碳酸-硫酸盐型和氯化物型水。

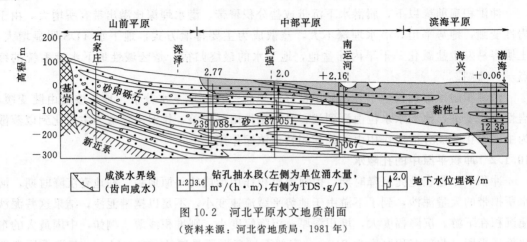

图 10.2　河北平原水文地质剖面
(资料来源：河北省地质局，1981 年)

在沉降幅度较小、相对稳定的冲积平原，冲积层一般以二元结构为基本特点。下部为河床冲积物，透水性强，富水性好；上层岩性较细，属河漫滩相。中国南方的长江、钱塘江、珠江等下游冲积层厚度一般较薄，只有20～50m左右，这是因为第四纪时期地壳沉降较小，所以，在河流下游仍有基岩孤山零星分布，经河流搬运的粗粒风化物（如砂砾、卵石等），堆积成透水性较强的冲积层。南方气候湿润，补给充沛，这些沙砾层常成为富水性良好的地下水含水层，其上部覆盖着厚层黏性土。

10.1.3　湖积物中的孔隙水

湖积物属于静水沉积，颗粒分选良好，层理细密，单层厚度大，延伸广，岸边浅水处沉积沙砾等粗粒物质，向湖心逐渐过渡为黏土，平面上，岩层呈不规则同心圆状分布。

湖积物的特点与其沉积动力环境有关。河流带来泥沙汇入湖，入湖后进入静水区域，流速顿减，淤积在湖口，当没有河流穿越湖泊时，波浪力是唯一的分选营力。近岸浅水带波浪力影响所及的范围，波浪反复淘洗沉积物质，粗粒留在岸边，细粒落在远岸，波浪力影响不及的湖心，则被细小的黏粒所占据，湖心黏土层层理十分细密。

气候与构造运动是改变湖盆沉积条件的两个主要因素。湿润期湖盆变大，干燥期湖盆缩小。构造沉降迅速时湖盆变大，构造沉降缓慢或停顿时湖盆变小，湖盆规模的变化控制着湖积物的岩性结构。当构造沉降速率与沉积速率相等时湖盆同一位置不断沉积同等粒径的物质形成延伸范围大，厚度巨大的沙砾层或黏土层。当气候干湿交替（或构造迅速下降与停顿交替时），湖盆同一部位形成多个沙砾和黏土互层。

大型湖泊可形成厚度大，展布广的沙砾层（单层厚度甚至可达100m以上），剖面上，为长透镜体状。湖积沙砾，分选良好，厚度及分布规模大；井孔揭露湖积沙层后涌入水量很大，往往给人地下水丰富的印象，把湖积沙层看成颇具潜力的含水层。其实，湖积沙砾层被厚层黏土隔离，主要通过进入湖泊的冲积沙层接受侧向补给，水循环交替缓慢，地下水资源远不如冲积沙层丰富。我国的平原或盆地，第四纪早期多发育具有厚层沙砾的湖积物，开采后迅速形成大范围地下水降落漏斗，说明其补给资源相当贫乏。

10.1.4 黄土区中的孔隙水

黄土是第四纪形成的风成堆积物，我国黄土主要分布在黄河中游的山西、陕西、宁夏和甘肃及其邻近省（自治区），连续延展，成为完整统一的地表覆盖层，一般厚度达数十米，陕西和陇东局部地区达 150m。由于黄土区大部分地带海拔较高，因而称为黄土高原。

黄土区地下水的赋存和分布与黄土岩性特征和地貌条件是分不开的。黄土以粉砂颗粒（粒径为 0.005～0.05mm）为主，占土样总重量的 60％以上，这种粒径所形成的孔隙极其微小。所以，黄土的透水性和给水性较弱，持水性较强。但在它的堆积过程中，有多次间断和成壤作用，土中富含的盐类易于溶解，从而在内部形成许多空洞和垂直裂隙，为地下水的赋存和运移提供了有利条件。黄土中的空洞和裂隙在垂直方向特别发育，而在水平方向发育较差。其垂向渗透系数（K_v）比水平渗透系数（K_h）大的多，如甘肃黄土，$K_v = 0.19 \sim 0.37 m/d$，$K_h = 0.002 \sim 0.003 m/d$[102]。这种性质有利于接受降水、灌溉水的渗入，从而在黄土区形成了地下水。黄土岩性越往下越密实，孔隙随深度加大而减小，渗透性总体减弱。黄土下部多埋藏着多层古土壤及钙层结核层，透水性较弱，成为相对隔水层（弱透水层），常可托住入渗的水分形成上层滞水和潜水。

气候是控制黄土区地下水水量水质演变的宏观因素。随着降水量的减少、蒸发量增大，黄土区地下水水量越往西部越加贫乏，地下水补给模数呈有规律的变化。东南的河南、山西、青海，地下水补给模数大于 7 万 $m^3/(km^2 \cdot a)$，中间的陕西、宁夏、内蒙古为 5 万～6 万 $m^3/(km^2 \cdot a)$，西部的甘肃仅为 2.3 万 $m^3/(km^2 \cdot a)$。黄土中可溶性盐含量高，地下水溶滤土中盐分后，TDS 也较高。相对湿润的东南部，黄土可溶盐含量小于 0.3％，地下水一般为小于 1g/L 的 HCO_3 型水。干旱的西北部，黄土可溶盐含量 0.5％～0.8％，地下水通常为 3～10g/L 的 $SO_4 - Cl$ 型水[103]。

黄土厚度大，土质疏松，加之黄土高原不断隆升，在水流侵蚀作用下，纵横的沟壑将黄土区切割成黄土塬、黄土梁、黄土峁和黄土杖地（或掌地）等地貌。黄土塬为宽阔的高平地，黄土梁是条形垄岗，黄土峁为浑圆沙丘。每个黄土地貌单元构成一个独立的地下水流系统。尺度大小不同的黄土地貌单元，地下水的补给、径流、排泄，乃至水量丰富程度、地下水水位埋深和水质，都有所不同。地貌是控制黄土高原地下水演变的中观—微观因素（图 10.3）。

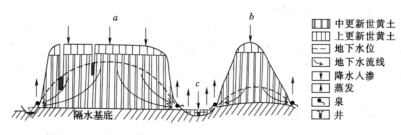

图 10.3 黄土区水文地质剖面示意图
（资料来源：张人权，2011 年）
a—黄土塬；b—黄土梁（峁）；c—黄土杖地

原始地貌保持较好的、规模较大的黄土平原称为黄土塬。黄土塬地面宽阔平坦，接受大气降水补给面积较大，有利于降水入渗，地下水比较丰富。如渭北西部黄土塬降水入渗系数变化于 5‰～28‰，塬面越宽，入渗系数越大[70]。一个黄土塬就是一个独立的水文地质单元，地下水由塬中心向四周辐射状散流，塬中心水位埋深浅，塬边缘急剧加深，如著名的陕北洛川塬中心部位潜水埋深 40～50m，沟边水位埋深达 90m[104]，至沟谷以泉或泄流的形式排泄（图 10.3）。随着由塬中心向四周散流，地下水 TDS 随流程而增大。塬面越是宽广，塬中心水位埋深越浅（一般为 30～60m）。补给区和径流区也就是储存区和排泄区，这是黄土塬潜水基本的埋藏特征。

黄土塬区潜水位无明显的季节变化。这是因为黄土大孔隙发育，孔洞、裂隙较多，包气带厚度较大，对入渗水分起暂时蓄存和调节作用。前次降雨入渗水分尚未全部从第一个古土壤层（相对隔水层）之上流走，后次降雨入渗水分的前锋已经到达；前一年雨季入渗水分没有运移到潜水面，而后一年雨季入渗前锋已接踵而来。这样，降雨对潜水的补给基本上是连续均匀的，因此，一般无明显的补给期与非补给期之分。这是黄土塬潜水重要的动态特征。

长条带的黄土垄岗称为黄土梁，浑圆形的黄土丘称为黄土峁。梁峁区地形切割强烈，地形破碎，潜水接受大气降水补给面积很小，又因梁峁坡度大，不利于降水入渗，入渗系数仅 1‰左右，因而潜水的补给和蓄存条件极差，成为缺水区。

但在梁、峁之间的宽浅沟谷，当地称为黄土仗（掌）地，往往含有潜水，埋深较浅（10～30m），成为当地居民宝贵的水源。

总之，黄土区地下水水量不丰富，地下水埋深大，水质较差。这是岩性、地貌、气候综合作用的结果。

10.2　裂　隙　水

坚硬基岩在应力作用下产生各种裂隙，成岩过程中形成成岩裂隙；经历构造变动产生构造裂隙；风化作用可形成风化裂隙；具有临空面的岩体，因天然地质作用或人为工程活动减载卸荷，可形成卸荷裂隙[105]。

裂隙水是指赋存并运移于坚硬基岩裂隙中的地下水[3,5]。

10.2.1　裂隙水的一般特征

岩层中裂隙的发育和分布错综复杂，主要表现在空间分布的不均匀性和方向性（图 10.4）。因此，裂隙水的分布和运动与孔隙水有很大的差异。

空间分布的不均匀性和方向性是裂隙水的主要分布特征。同一岩层由于裂隙发育的差异性，不同地点的导水性和储水性相差很大，甚至同一地段同一层位打井，遇主要含水裂隙的井可获得丰富的地下水，而未遇含水裂隙的井却可能是干井或出水量很小。

裂隙水的埋藏和分布是很不均匀的。它主要受地质构造、岩性、地貌等条件的控制。根据裂隙水的埋藏分布特征，可将裂隙水划分为面状裂隙水、层状裂隙水和脉状裂隙水三种类型。

由于裂隙发育的不均匀性和方向性，导致裂隙水运动呈明显的各向异性。岩层中，往往沿某个方向的裂隙发育程度高，裂隙开启性好且充填物少，导水性强；而另一些方向则裂隙不发育，导水性差。

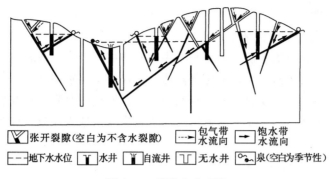

图 10.4　裂隙含水系统

（资料来源：张人权等，2011 年）

10.2.2　裂隙水的类型

根据裂隙水的埋藏分布特征，可将裂隙水分为：面状裂隙水、层状裂隙水和脉状裂隙水三种类型。而根据基岩裂隙的成因，又可将裂隙水分为：成岩裂隙水、风化裂隙水和构造裂隙水三种类型。

10.2.2.1　面状裂隙水

面状裂隙水分布在各种基岩表层的风化裂隙中，其上部一般没有连续分布的隔水层，因此，它具有潜水的特征，如图 10.5 所示。但在某些古分化壳上覆盖有大面积的不透水层（如黏土）时，也可能形成承压水。风化裂隙含水层的多少与岩石风化程度和岩性密切相关。如在泥质岩石和花岗岩地区，往往在强烈分化带中含水较少，这可能是由于泥质物充填的结果。

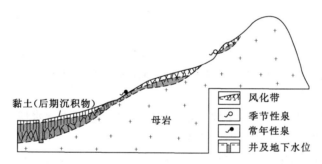

图 10.5　面状裂隙水（分化裂隙水）示意图

（资料来源：张人权，2011 年）

面状裂隙水分布的下部界限取决于分化带的深度，分化裂隙的数量及大小均随深度的增加而减小，直到消失。因此，由于各地分化程度的不同，分化带中裂隙水的下部界限也有差异。

面状裂隙水的富水性因岩性不同而发生变化。埋藏在坚硬基岩上部的风化壳中，多为潜水，一般水量不大，但水质较好，为 HCO_3 型水。

地形对风化裂隙水的分布与富集有重要的影响。在分水岭地段，由于集水面积小，地形坡度大，地下水在此埋深大，水量小。从分水岭转向坡谷，汇水面积增大，地形坡度变缓，地下水埋深变小，常在山坡坡麓地带溢出成泉。在洼地、谷地、簸箕地段最富水。

10.2.2.2 层状裂隙水

1. 近似水平蓄水构造中的地下水

当透水岩层夹有相对隔水层，如石灰岩中夹有薄层页岩、泥灰岩或顺层侵入的火成岩岩床、岩盘等时，则将阻碍地下水向深处渗流，而滞留于隔水层之上，从而形成近水平的蓄水构造。如山东章丘县凉泉村，位于地势很高的巨厚层中奥陶统石灰岩层上，石灰岩中夹有一层闪长玢岩岩床，地下水沿缓倾闪长玢岩岩床流出地表成泉，成为当地的供水水源（图 10.6）。

2. 单斜蓄水构造中的地下水

透水岩层和隔水岩层互层所组成的单斜构造，在适宜的补给情况下，可形成单斜蓄水构造，它是层状岩层分布区常见的一种蓄水构造。单斜蓄水构造中地下水的富集条件，决定于岩层产状与地形之间的组合关系，如图 10.7 所示。

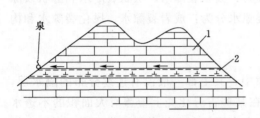 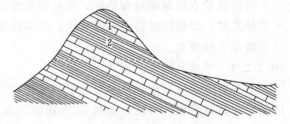

图 10.6　山东章丘县凉泉村地质剖面示意图
（资料来源：陈南祥，2008 年）
1—石灰岩；2—闪长玢岩

图 10.7　单斜岩层蓄水条件示意图
（资料来源：陈南祥，2008 年）
1—含水层；2—隔水层

3. 褶皱蓄水构造中的地下水

褶皱蓄水构造主要形成于沉积岩区，在层状或似层状的火山岩地区和副变质岩地区也有分布。其蓄水条件是在褶皱构造中同时埋藏有透水岩层和相对隔水岩层。它又可以分为两种类型。

（1）向斜蓄水构造，即能蓄集地下水的向斜构造。包括由含水层和隔水层组成的各种向斜构造盆地。按地下水埋藏条件，分为承压水和潜水两类。

1）承压水向斜蓄水构造。实际就是承压水盆地或自流盆地。由于向斜含水层埋藏、构造形态、地形条件等的差异，而有不同的形式。如图 10.8 所示向斜山岭：褶皱平缓，

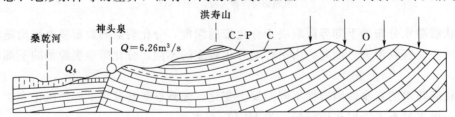

图 10.8　向斜山岭（山西神头泉剖面图）
（资料来源：陈南祥，2008 年）
Q_4—近代沉积物；C-P—石炭-二叠系；C—石炭系；O—奥陶系

地形为山岭。地下水从含水层出露较高的一翼接受补给，向出露较低的一翼汇集，在出露标高最低处排泄。排泄区附近常有大泉或泉群出露。如山西神头泉即是。其特征是高翼补给，低翼排泄，中部单向径流，最富水部位在翼部排泄区附近。

2）潜水向斜蓄水构造。含水层之上没有隔水层覆盖的向斜，也称潜水盆地。地下水不具有承压性（图10.9），易于接受补给，排泄条件取决于向斜含水层被河谷切割的程度。切割越深，越易于排泄。由于轴部裂隙发育，故最易富水。

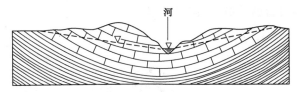

图 10.9　潜水向斜蓄水构造剖面示意图
（资料来源：陈南祥，2008 年）

（2）背斜蓄水构造。在一个背斜或穹隆构造中，埋藏有透水岩层和作为隔水边界的不透水层时，地形提供适宜的补给条件，便构成背斜蓄水构造。

背斜蓄水构造的富水程度，主要决定于背斜被剥蚀的程度、含水层的埋藏和出露条件以及构造形态、地形条件等。由于这些条件不同，其富水部位也各有不相同。

1）轴部富水的背斜谷地。如图 10.10 所示川东褶皱带的铜锣峡的蓄水构造，背斜剥蚀后，轴部强透水岩层出露地表，两翼被不透水或弱透水岩层覆盖，构成阻水边界，形成轴部富水层或富水带。

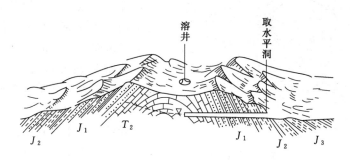

图 10.10　川东褶皱带中背斜轴部富水的蓄水构造
（资料来源：陈南祥，2008 年）
J_1—侏罗系香溪群；J_2—侏罗系自流井群；J_3—侏罗系重庆群；T_2—三叠系嘉陵江群

2）翼部富水的背斜山岭。如图 10.11 所示，当背斜两翼埋藏有时代较新的透水岩层和隔水层时，则透水岩层中可蓄集地下水，形成背斜翼部富水构造。

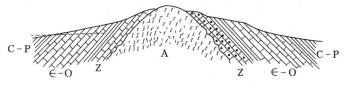

图 10.11　翼部富水的背斜蓄水构造示意剖面图
（资料来源：陈南祥，2008 年）
C-P—石炭-二叠系煤系地层；$\in$-O—寒武-奥陶系碳酸岩类岩层，下部为页岩；
Z—震旦系石英砂岩；A—太古宇片麻岩系

127

3）背斜倾没端富水。如图 10.12 所示，倾伏背斜的倾没端，张裂隙发育，有良好的富水条件，如果地形低洼，即可形成富水带，尤其在倾没端埋藏有强透水岩层时，富水更强。如河北峰峰滏阳河河源的黑龙洞泉群，就是形成于黑龙洞倾伏背斜的倾没端，溶蚀裂隙发育的中奥陶系石灰岩中。

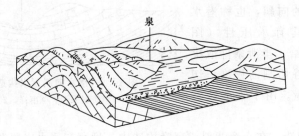

图 10.12　背斜倾没端富水带示意图

（资料来源：陈南祥，2008 年）

10.2.2.3　脉状裂隙水

埋藏于构造裂隙带中的水称为脉状裂隙水。一般是沿断裂带呈带状或脉状分布，长度和深度远比厚度大，故具有一定的方向性，如图 10.13 所示。脉状含水带可以切穿数个不同时代、不同岩性的地层，可通过不同的构造部位，致使含水层各部分的地下水贫富不均，埋深变化很大。因而，同一含水带通过脆弱性岩石时，裂隙发育，岩石破碎，通常是强含水带；当通过塑性泥岩时，裂隙不发育并被泥质充填，形成微弱的含水带或起隔水作用。

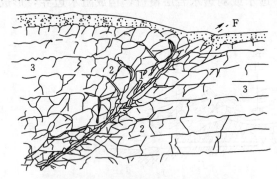

图 10.13　断裂破碎带横剖面示意图

（资料来源：陈南祥，2008 年）

1—构造岩带；2—断层影响带；3—未受断层影响的岩石

脉状裂隙水的补给源一般较远，循环深度较大，水量较丰富，一般具有统一的水面而且稳定，有些地段具有承压性质，水质良好，常为较好的水源地。

脉状裂隙水除了自身形成一个水力系统外，它还与周围岩石裂隙中的水有一定的水力联系，这种联系可能比较弱，但也不可忽视。

某一地区或地段是否有裂隙水富集，主要看是否存在有利的补给、汇集和储存条件。根据山区找水打井的经验，断裂蓄水构造的富水部位有以下几处：

（1）角砾岩、压碎岩带富水。发生在脆性岩石中的张性和张扭性断层，其断层破碎带的构造带，一般有碎块状断层角砾岩及压碎岩构造，结构疏散，充填物少，富水性比两侧强，布井时，应选在断层上盘，以揭穿断层带中央的角砾岩为宜。

（2）断层影响带富水。压性和压扭性断层破碎带的构造岩带，多为糜棱岩、断层泥构成，透水性很差，贫水或无水。在构造岩两侧断层影响带内，裂隙密集，透水性强，含水丰富。布井应选在能揭穿断层影响带的地方，最好是上盘。如坝基防渗，此带也是重点部位。

（3）断层交会带富水。不同方向或不同层次断层的交叉或会合部位，岩石破碎，断层影响带发育，易形成富水。

（4）断层岩块富水。当断层成组存在时，各条断层之间的岩块、断裂发育，易形成富水带，尤其在厚层脆性岩层中。

10.2.2.4 成岩裂隙水

成岩裂隙是岩石在成岩过程中受内部应力作用而产生的原生裂隙。沉积岩固结脱水，岩浆岩冷凝收缩等均可形成成岩裂隙。

沉积岩及深成岩浆岩的成岩裂隙多是闭合的，储水及导水意义不大。喷溢陆地的玄武岩，成岩裂隙最为发育。岩浆冷凝收缩时，由于内部应力变化产生垂直于冷凝面的六方柱状节理以及层面节理。此类节理大多张开且密集均匀，连通良好，常构成储水丰富、导水通畅的层状裂隙含水系统。玄武岩岩浆成分不同及冷凝环境的差异，使其成岩裂隙发育程度不同。例如，我国内蒙古一带古、新近纪的玄武岩，致密块状与气孔发育交互成层，前者柱状节理发育而透水，后者则构成隔水层。

岩脉及侵入岩接触带，由于冷凝收缩，以及冷凝较晚的岩浆流动产生应力，张裂隙发育。熔岩流冷凝时，留下喷气孔道，或表层凝固，下部未冷凝的熔岩流走，而形成熔岩孔洞或管道。这类孔道洞穴直径可达数米，往往可以获得可观的水量。例如，海南岛琼山县一个孔深26m的钻孔，打到一个宽8m、高6.8m的熔岩孔道，抽水降深0.17m，每昼夜涌水超过1700m³。

10.2.2.5 风化裂隙水

暴露于地表的岩石，在温度、水、空气和生物等风化营力作用下，形成风化裂隙。风化裂隙常在成岩裂隙或构造裂隙的基础上进一步发育，形成密集均匀、无明显方向性、连同良好的裂隙网络。风化裂隙呈壳状包裹于地面，一般厚度达数米到数十米，未风化的母岩往往构成相对隔水底板，因此，风化裂隙水一般为潜水，被后期沉积物覆盖的古风化壳可储存承压水或半承压水（图10.5）。

风化裂隙的发育受岩性、气候及地形的控制。单一稳定的矿物组成的岩层（如石英岩）风化裂隙很难发育。泥质岩石虽易风化，但裂隙易被土状风化物充填而不导水。由多种矿物组成的粗粒结晶岩（花岗岩、片麻岩等），不同矿物热胀冷缩不一，因而风化裂隙发育，风化裂隙水主要发育于此类岩石中。

气候干燥而温差大的地区，岩石热胀冷缩及水的冻胀等物理风化作用强烈，有利于形成导水的风化裂隙。温热气候区以化学风化为主，泥质次生矿物及化学沉淀常填充裂隙而降低其导水性。这类地区上部强风化带的导水性反而不如下部的半风化带。如福建漳州花岗岩中一个钻孔资料显示，地面以下25m深度内强风化带的涌水量仅为0.0125L/s，而25～45m半风化带涌水量却达到0.45L/s。

地形比较平缓，剥蚀及堆积作用微弱的地区，有利于风化壳的发育与保存。如果地形条件利于汇集降水，则可能形成规模稍大，能常年提供一定水量的风化裂隙含水层。通常，风化壳规模有限，风化裂隙含水层水量不大，就地补给、就地排泄，旱季泉流量变小或干涸。

在水流切割或人工开挖的影响下，岩体侧向压力减小，原有闭合及隐蔽的成岩裂隙与构造裂隙，因减压而扩张，形成所谓卸荷（减压）裂隙。在沟谷两侧常可见到与边岸平行的卸荷（减压）裂隙，有时可宽达数厘米至数十厘米。剥蚀作用使原来处于深部的岩层卸去上覆地层的荷载，因而浅部的裂隙扩张，张开性及裂隙率均较深部大，透水性也比深部好。

10.2.2.6　构造裂隙水

构造裂隙是岩石在构造应力作用下形成的，是最为常见、分布范围最广的裂隙，是裂隙水研究的主要对象。构造裂隙水具有强烈的非均匀性及各向异性。

构造裂隙的张开宽度、延伸长度、密度，以及由此决定的导水性等，很大程度上受岩层性质（岩性、单层厚度、相邻岩层的组合情况）的影响。塑性岩层，如页岩、泥岩、凝灰岩、千枚岩等，常形成闭合乃至隐蔽的裂隙。这类岩石的构造裂隙往往密度很大，但张开性差，缺少储存及运输的"有效裂隙"，多构成相对隔水层。只有当其暴露于地表，经过卸荷及风化改造后，才具有一定的储水及导水能力。

脆性岩层，如致密的石灰岩、钙质胶结砂岩等，其构造裂隙一般比较稀疏，但张开性好、延伸远，具有较好的导水性。沉积碎屑岩的裂隙发育程度与其粒度及胶结物有关：粗颗粒的砂砾岩裂隙张开性一般优于细颗粒的粉砂岩；钙质胶结者，裂隙发育显示脆性岩石的特征，泥质胶结者，裂隙发育呈现塑性岩石特点。

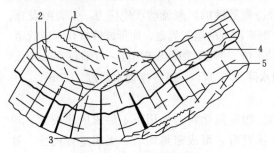

图 10.14　断裂破碎带横剖面示意图
（资料来源：张人权，2011 年）
1—横裂隙；2—斜裂隙；3—纵裂隙；
4—层面裂隙；5—顺层裂隙

构造裂隙的发育受构造应力场控制，具有明显而稳定的方向性。处于同一构造应力场中的岩层，通常发育相同或相近方向的裂隙组。一般在一个地区岩层中的主要裂隙按方向可划分为 3～5 组（图 10.14）。按其与地层的关系可分为纵裂隙、横裂隙和斜裂隙；层状岩体中还包括层面裂隙与顺层裂隙。

纵裂隙与岩层走向大体平行，一般延伸较长，在褶皱翼部为压剪性，在褶皱核部为张性，在背斜核部，常形成延伸几十米至上百米的大裂隙密集带。纵裂隙方向与岩层走向一致，在层面裂隙的共同作用下，纵裂隙的延伸方向往往是岩层导水能力最大的方向。横裂隙一般为张性的，张开宽度最大，但一般延伸不远，呈两端尖灭的透镜体状。斜裂隙是剪应力作用下形成的，延伸长度及张开性都相对差一些；斜裂隙实际上包括两组共轭剪节理，往往一组发育，另一组发育较弱。

在构造应力作用下，岩性差异的层面发生错动并张开，因此，层面裂隙是沉积岩中延伸范围最广、连通性最好的裂隙组，构成裂隙网络的主要连接性通道。除少数大裂隙外，裂隙一般不切穿上下层面。层面裂隙的发育还决定着其他各组裂隙的发育。由于层面是岩层中的软弱面，构造应力作用下，岩层首先沿着层面破坏发生顺层位移。顺层位移导致顺层剪切应力以及次生应力，形成其他各组裂隙。岩层的单层厚度决定层面裂隙的密集度，从而决定其他各组裂隙发育程度。单层厚度越薄，层面裂隙越密集，次生应力分布越均匀，因此，薄层沉积岩中的脆性岩层裂隙密集而均匀；巨厚或块状岩层，次生应力集中释放，裂隙稀疏而不均匀（图 10.15）。受构造应力作用，塑性岩层可沿层面方向流展，对夹于其间的脆性岩层施加一个顺层的拉张力，脆性岩层被拉断而形成张裂隙。脆性岩层夹层越薄，抗拉能力越小，张开裂隙就越密集（图 10.15）。夹于塑性岩层中较薄的脆性夹层，常是小型供水的理想布井层位。

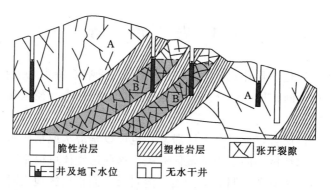

图 10.15 夹于塑性岩层中的脆性岩层的裂隙发育受层厚的控制

（资料来源：张人权，2011 年）

A—脉状裂隙水；B—层状裂隙水

应力集中的部位裂隙常较发育，岩层透水性良好。同一裂隙含水层中，背斜轴部常较两翼渗透性良好，倾斜岩层较平缓岩层渗透性好，断层带附近往往格外富水。

岩性无明显变化的岩体（如花岗岩、片麻岩等），裂隙发育及透水性通常随深度增大而减弱。一方面，随着深度加大，围压增加，地温上升，岩石的塑性增强，裂隙的张开性变差。另一方面，靠近地表的岩石往往受到风化及卸荷作用的影响，构造裂隙进一步张开，导水能力增强。因此，岩体（层）裂隙发育以及渗透性总体随深度衰减（图 10.16）。

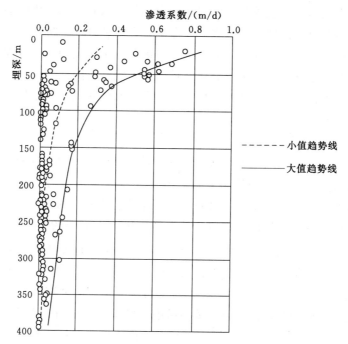

图 10.16 锦屏水电站右岸大理岩渗透系数随深度变化曲线

（资料来源：张人权，2011 年）

10.3　岩　溶　水

赋存并运移于岩溶化岩层中的水，称为岩溶水（或喀斯特水）。由于介质的可溶性，岩溶水在流动过程中不断扩展改造介质，从而改变自身的补给、径流和排泄条件以及动态特征。

岩溶水就埋藏条件而言，可以是上层滞水，也可以是潜水或承压水。岩溶上层滞水的形成与岩溶岩层中透水性极小的个别透镜体有关。这些透镜体可以是不透水的夹层，也可以是溶蚀残余物充填了裂隙和溶洞而成。当岩溶岩层大面积出露地表时，储存并运移于其中的岩溶水主要为潜水。如我国云贵高原石灰岩区及广西石灰岩低山丘陵区，广泛发育着岩溶潜水。当岩溶岩层被不透水岩层覆盖，并被地下水充满后，便形成岩溶承压水。我国北方奥陶纪石灰岩和南方石炭纪、二叠纪及三叠纪石灰岩中都埋藏有岩溶承压水。

10.3.1　岩溶发育的基本条件及影响因素

1. 岩溶发育的条件

岩溶发育必不可少的两个基本条件是：岩层具有可溶性和地下水具有侵蚀能力，由此派生出 4 个必备条件为：可溶性岩的存在、可溶性岩必须是透水的、具有侵蚀能力的水以及水是流动的。

溶蚀是指有侵蚀性的水将可溶性岩的某些组分转入水中，扩展可溶性岩空隙的作用。可溶性岩无疑是岩溶发育的前提，但是，如果可溶性岩没有裂隙，水不能进入岩石，溶解作用便无法进行。纯水对钙镁碳酸盐的溶解能力很低，只有当二氧化碳溶入水中形成碳酸时，才对可溶性岩具有侵蚀性。如果水是停滞的，在溶解过程中将丧失侵蚀能力，流动的水不断更新侵蚀能力，才能保证溶蚀的连续性，因此，水的流动是岩溶发育的充分条件。

在以上四个基本条件中，最根本是可溶性岩及水流。可溶性岩存在时，或多或少发育空隙，只要存在水的流动，侵蚀性就有保证，因此，水流状况是决定岩溶发育强度及其空间分布的决定性因素。

2. 影响岩溶发育的因素

首先是可溶性岩的存在，可溶性岩的成分与结构是控制岩溶发育的内因；可溶性岩必须是透水的，水流才能进入岩石进行溶蚀；其次水具有侵蚀能力，含 CO_2 或其他酸类，侵蚀能力才明显增强；水是流动的，水的流动是保持岩溶发育的充要条件，水不流动，终究会达到饱和而停止发展；气候也影响岩溶发育，因为土壤中的 CO_2 是决定水的侵蚀性的主要因素，而土壤中 CO_2 含量取决于气候，湿热气候下土壤中 CO_2 含量高，使地下水有较高的侵蚀性，这正是我国南方岩溶比北方岩溶发育的主要原因之一；生物对岩溶作用的影响，越来越得到认同。植物产生 CO_2 补充到地下水，促进溶蚀作用，是无疑的。通过野外观察及室内试验证明，藻类以及碳酸酐酶、细菌、放线菌、真菌等，均可促进溶蚀作用及钙华沉淀作用[106-109]。目前，微生物对岩溶作用的研究还不够成熟，但是，在微生物参与下，对石灰岩雕像的生物侵蚀破坏，则是肯定的[106]；此外构造作用产生的裂隙影响岩石的透水性和水的流动等，对岩溶的发育也产生影响。

10.3.2 岩溶水系统的演变

地下水流对可溶性介质具有不同程度的改造作用。具有化学侵蚀的水进入可溶岩层，对原来的狭小通道（原生裂隙和构造裂隙）进行拓展，水流不断溶蚀裂隙壁面，溶于水的岩石成分被流动的水流带走，裂隙通道不断加宽。岩溶发展的过程实质上就是介质的非均质化过程和水流的集中过程，岩溶演化是个典型的正反馈过程[5]：非均匀介质→非均匀水流→差异性溶蚀→更不均匀介质→更不均匀水流→进一步的差异性溶蚀→⋯⋯

岩溶发育基本上可分为 3 个阶段，即起始阶段［图 10.17（a）］、快速发展阶段［图 10.17（b）、（c）］及停滞衰亡阶段［图 10.17（d）］。

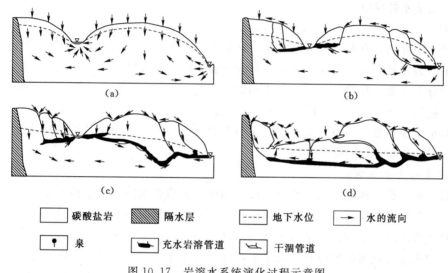

图 10.17 岩溶水系统演化过程示意图

（资料来源：肖长来，2010 年）

（a）岩溶发育初期；（b）局部岩溶水系统形成阶段；（c）岩溶水系统的袭夺；（d）统一地下河系的形成

1. 起始阶段

地下水对介质以化学溶蚀作用为主，水流通道比较狭小，地下水几乎没有机械搬运能力，岩溶发育比较缓慢。所需时间取决于环境因素（气候）和初始裂隙水流场（取决于边界与介质）。隔水边界对地下水径流的分散或集中起重要的控制作用。介质不均匀，水流不均匀，有利于岩溶的快速演化。

2. 快速发展阶段

差异性溶蚀使少数通道优先拓展成为主要通道，岩溶水系统的水优先进入主通道流动。当主体通道宽度达 5～50mm 时，开始出现紊流，地下水开始具有一定的机械搬运能力，水流越来越向少数通道集中，并使其优先发展，形成较畅通的径流排泄网，水流的机械侵蚀能力也增强。介质场和流场发生如下变化：

（1）地下水流对介质的改造由化学溶蚀为主变为以机械侵蚀和化学溶蚀共存，机械侵蚀变得愈加重要。

（2）地下出现各种规模的洞穴。

（3）地表形成溶斗及落水洞，并以它们为中心形成各种规模的洼地，汇集降水。

（4）随着介质导水能力迅速提高，地下水水位总体下降，新的地下水面以上洞穴干涸，进一步失去发展的能力。

（5）争夺水流的竞争变得更加剧烈，最后只剩下少数几个大的管道优先发展，其余的皆依附于这些大管道而成为支流。

（6）不同地下河系发生袭夺，地下河系不断归并，流域扩大。溶洞起集水、导水作用，主要储水空间仍为裂隙、溶隙。

3. 停滞衰亡阶段

发展到一定阶段，介质场的演化停滞，地下水流场偏离初始状态，完整的岩溶水系统形成。

10.3.3　岩溶水的特征

1. 岩溶含水介质的特征

岩溶含水介质具有很大的不均匀性，有规模巨大的管道溶洞（长达数十千米），又有十分细小的裂隙及孔隙，实际为尺寸不等的空隙所构成的多级次空隙系统。

广泛分布的细小孔隙与裂隙是主要的储水空间，大的岩溶管道与开阔的溶蚀裂隙构成主要导水通道，介于两者之间的裂隙网络兼具储水空间和导水通道的作用。

岩溶水量分布极不均匀，宏观上统一的水力联系与局部水力联系不好，是由岩溶含水介质的多级次性与不均匀性决定的。

2. 岩溶水的分布特征

岩溶含水层是一种极不均匀的含水层，因此，岩溶含水层的富水性无论在水平方向还是在垂直方向均变化很大。有些地段可能无水，而有些地段则可形成水量极为丰富的岩溶地下水脉或岩溶地下暗河。所谓岩溶地下水脉，就是岩溶发育比较强烈的、呈脉络状的富水条带。如水通过众多的裂隙和小溶洞汇流于巨大的岩溶通道之中，则成为岩溶地下河。其流量可达每秒数立方米到数百立方米或更多，流动速度也较其他类型地下水快，此类地下水也具有重要的开采价值。

3. 溶水的运动特征

通常为层流、紊流共存，细小孔隙与裂隙中的地下水一般为层流运动，在宽大管道中的地下水一般呈紊流运动。在岩溶水系统中，局部流向与整体流向常常是不一致的；岩溶水可以是潜水，也可以是承压水。

4. 岩溶水的补、径、排与动态特征

强烈的岩溶化地区，降水易汇集于低洼的溶斗、落水洞等以灌入式补给岩溶水，南方降水入渗补给系数 $\alpha = 0.40 \sim 0.80$，北方 $\alpha = 0.10 \sim 0.30$。灌入式的补给、畅通的径流、集中的排泄（大泉、泉群）加上岩溶含水介质空隙率（相当于给水度 μ）不大，决定了岩溶水水位动态变化非常强烈，补给区水位变化达到几米到几十米，变化迅速而无滞后现象，泉流量变化也很大。因而作为补给区的岩溶化山区，岩溶水的埋深可达数百米，无泉水与地表水，为严重的缺水区。

5. 岩溶水的水化学特征

岩溶水径流迅速，溶滤作用强烈，由于长期的强烈溶滤作用，水中以难溶离子为主，化学成分通常比较稳定，一般为低 TDS 的水，水质好，大多数为 $HCO_3 - Ca$ 型水，但有时也有 $SO_4 - Ca$ 型水。在某些岩溶地区的深部岩溶地层中，也有 $Cl - Ca \cdot Na$ 的高 TDS

的水。在自流盆地或自流斜地中，在一定条件下，水的化学成分也表现出垂直分带的现象。但由于岩溶水交替条件好，在同样条件下，这种垂直分带现象有一定程度的减弱。

我国南方岩溶水 TDS 普遍小于 0.5g/L，平均值为 0.26g/L。按地区，TDS 平均值为：广西 0.21g/L，湘西 0.25g/L，贵州 0.26g/L，鄂西 0.27g/L，川东南 0.28g/L，滇东 0.29g/L。水化学类型主要为 $HCO_3 - Ca$ 及 $HCO_3 - Ca \cdot Mg$ 型，总体上，TDS 低的水以 $HCO_3 - Ca$ 型水为主，较高的以 $HCO_3 - Ca \cdot Mg$ 型水为主。总体上，自东向西呈现 TDS 增大，由 $HCO_3 - Ca$ 型水转变为 $HCO_3 - Ca \cdot Mg$ 型水。这种空间变化，可能与降水自东向西减少，以及自东向西碳酸盐岩纯度变差有关[110]。

我国北方岩溶水 TDS 为 0.23~0.88g/L。水化学类型以 $HCO_3 - Ca \cdot Mg$ 型为多，其次为 $HCO_3 \cdot SO_4 - Ca \cdot Mg$ 型水，部分为 $SO_4 \cdot HCO_3 - Ca \cdot Mg$ 型。通常，$HCO_3 - Ca \cdot Mg$ 型水的 TDS 最低，$HCO_3 \cdot SO_4 - Ca \cdot Mg$ 型水的 TDS 较高，$SO_4 \cdot HCO_3 - Ca \cdot Mg$ 型水的 TDS 最高。SO_4^{2-} 出现，与碳酸盐岩中夹有石膏层，以及与石炭二叠纪煤系地层有关[111,112]。

10.3.4 我国南北方岩溶及岩溶水的差异

以秦岭淮河为界，我国南方与北方的岩溶及岩溶水的发育都存在一系列的差别。

总体来说，南方岩溶发育比较充分，岩溶现象较典型，地表有峰丛、峰林、溶蚀洼地、溶斗、落水洞、竖井等，地下多发育较为完整的地下河系；北方岩溶发育多不完整，地表少有溶斗、落水洞等，地表多呈常态的山形；地下以溶蚀裂隙为主，有个别管道洞穴，未见地下河系。

南方岩溶含水介质是高度管道化与强烈不均匀的，岩溶水对降水的响应十分灵敏，流量随季节变化很大；北方岩溶含水介质相对均匀，岩溶大泉汇水面积大，流量相对稳定。

南方岩溶区多分布巨厚到块状的纯净碳酸盐岩，多发育有裸露型岩溶，介质可溶性强，受构造应力作用时易形成稀疏而宽大的裂隙；北方碳酸盐岩一般成层较薄，夹泥质与硅质夹层，碳酸盐岩多与非可溶性岩互层，一般发育覆盖型岩溶；介质可溶性差，形成密集、均匀而短小的构造裂隙。

南方在地质构造上属于较紧密的褶皱，向斜核部多易发育地下河系。降水充沛，补给强；而北方因多为宽缓的向斜或单斜，不利于水流的集中分布、降水少，水的侵蚀力弱，岩溶发育弱。

思　考　题

1. 请简述孔隙水的特征。
2. 请绘图说明冲洪积扇中地下水的分布规律。
3. 黄土区中地下水的埋藏分布与黄土地貌有何关系？
4. 请简述裂隙水的特征。
5. 裂隙水与孔隙水有何不同？
6. 请简述岩溶水的特征。
7. 岩溶发育的基本条件和影响因素有哪些？

扫描二维码阅读
本章数字资源

参 考 文 献

[1] 王大纯,张人权,史毅虹,等. 水文地质学基础 [M]. 北京:地质出版社,1995.

[2] 张人权,梁杏,靳孟贵,等. 水文地质学基础 [M]. 北京:地质出版社,2011.

[3] 国家质量监督检验检疫总局,国家标准化管理委员会. 水文地质术语:GB/T 14157—1993 [S]. 北京:中国标准出版社,1993.

[4] 薛禹群. 地下水动力学 [M]. 2 版. 北京:地质出版社,2001.

[5] 肖长来,梁秀娟,王彪. 水文地质学 [M]. 北京:清华大学出版社,2010.

[6] Pinnekel E V A. General hydrogeology [M]. Cambridge:Cambridge University Press,1981.

[7] 加弗里连科 E C. 构造圈水文地质学 [M]. 孙彬,译. 北京:地质出版社,1981.

[8] 房佩贤,卫钟鼎,廖资生. 专门水文地质学 [M]. 北京:地质出版社,1996.

[9] 曹剑锋,迟宝明,王文科,等. 专门水文地质学 [M]. 北京:科学出版社,2005.

[10] 林学钰,廖资生. 地下水管理 [M]. 北京:地质出版社,1995.

[11] Rober B. Ground Water [M]. London:Apllied Science Publisher Ltd.,1980.

[12] Health R C. Basic Groud Water Hydrology (Forth Printing) [R]. U. S. Geological Survey Water-Supply Paper 2220. Washington:U. S. Government Printing Office,1987.

[13] Engineers U A C O. Groundwater Hydrology [M]. Http://www. earthwardconsulting. com/library/US_COE_Groundwater_hydrology_Manual_2_99. pdf,1999.

[14] Roger J M D W. Geohydrology [M]. New York:John Wiley & Sons,Inc.,1965.

[15] Jacob B. Hydraulics of Groundwater [M]. New York:McGraw-Hill International Book Co.,1979.

[16] Fetter C W,Jr. Applied Hydrogeology (4th. Edition) [M]. Columbus:Wharle E. Merrill Publishing Co.,2001.

[17] 张人权,梁杏,靳孟贵. 可持续发展理念下的水文地质与环境地质工作 [J]. 水文地质工程地质,2004,31 (1):82-86.

[18] 张人权,梁杏,靳孟贵,等. 当代水文地质学发展趋势与对策 [J]. 水文地质工程地质,2005,32 (1):51-56.

[19] 徐有生,侯渭. 超临界水的特性及其对地球深部物质研究的意义 [J]. 地球科学进展,1995,10 (5):445-449.

[20] 谢鸿森,侯渭,周文戈. 地幔中水的存在形式和含水量 [J]. 地学前缘,2005,12 (1):55-60.

[21] 区永和,陈爱光,王恒纯. 水文地质学概论 [M]. 武汉:中国地质大学出版社,1988.

[22] 汪品先. 我国的地球系统科学研究向何处去 [J]. 地球科学进展,2003,18 (6):2-7.

[23] Takashi Y,Geeth M,Takuya M,et al. Dry mantle transiton zone inferred from the conductivity of wadsleyite and ringwoodite [J]. 2007,451:326-329.

[24] 沈照理,刘亚光,杨成田. 水文地质学 [M]. 北京:科学出版社,1985.

[25] 《中国大百科全书》总编辑委员会,《大气科学·海洋科学·水文科学》编辑委员会. 大气科学·海洋科学·水文科学 [M]. 北京:中国大百科全书出版社,1987.

[26] 管华. 水文学 [M]. 北京:科学出版社,2010.

[27] 弗里泽 R A,彻里 J A. 地下水 [M]. 吴静方,译. 北京:地震出版社,1987.

[28] Freeze R A,Cherry J A. Groundwater [M]. New Jersey:Prentice-Hall Inc.,1979.

[29] Kutiĺek M. Non-Darcian Flow of Water in soils:Laminar Region : a review [J]. Developments in

Soil Science，1972，2：327－340.

[30] Miller R J，Low P F. Threshold Gradient for Water Flow in Clay Systems [J]. Soil Science Society of America Proceedings，1963，27（6）：605－609.

[31] Olsen H W. Darcy's law in saturated kaolinite [J]. Water Resources Research，1966，2（6）：287－295.

[32] 张忠胤. 关于地上悬河地质理论问题关于结合水动力学问题 [M]. 北京：地质出版社，1980.

[33] 徐维生，柴军瑞，王如宾，等. 低渗透介质非达西渗流研究进展 [J]. 勘察科学技术，2007，（3）：20－24.

[34] 王慧明，王恩志，韩小妹，等. 低渗透岩体饱和渗流研究进展 [J]. 水科学进展，2003，14（2）：242－248.

[35] 钟育乔. 毛细现象辨析 [J]. 大学物理，1993，12（7）：11－13.

[36] 蔡圣善，朱耘. 经典电动力学 [M]. 上海：复旦大学出版社，1985.

[37] 邵明安，王全九，黄明斌. 土壤物理学 [M]. 北京：高等教育出版社，2006.

[38] Jury W A，Horton R. Soil Physics [M] 6th ed. New York：John Wiley & Sons Inc.，2004.

[39] 张蔚榛. 地下水与土壤水动力学 [M]. 北京：中国水利水电出版社，1996.

[40] 雷志栋，杨诗秀，谢森传. 土壤水动力学 [M]. 北京：清华大学出版社，1988.

[41] Tindall J A，Kunkel J R，Anderson D E. Unsaturated zone hydrology for scientists and engineers [M]. New Jersey，USA：Prentice-Hall Inc.，1999.

[42] Stephens D B. Vadose Zone Hydrology [M]. Boca Raton，USA：Lewis publishers，CRC Press Inc.，1996.

[43] 贝尔 J. 地下水水力学 [M]. 许娟铭，等，译. 北京：地质出版社，1985.

[44] 靳孟贵，方连育. 土壤水资源及其有效利用：以华北平原为例 [M]. 武汉：中国地质大学出版社，2006.

[45] 沈照理，朱宛华，钟佐燊. 水文地球化学基础 [M]. 北京：地质出版社，1993.

[46] 季秀万. 关于矿化度和溶解性固体的探讨 [J]. 地质学刊，2011，35（01）：82－85.

[47] 王孔伟，周金龙. 工程地质及水文地质 [M]. 郑州：黄河水利出版社，2009.

[48] Domenico P A，Schwartz F W. Physical and chemical hydrogeology（2nd ed.）[M]. New York：John Wiley & Sons Inc.，1998. 103－108.

[49] 陈骏，姚素平，季峻峰，等. 微生物地球化学及其研究进展 [J]. 地质论评，2004，50（6）：620－632.

[50] 李政红，张翠云，张胜，等. 地下水微生物学研究进展综述 [J]. 南水北调与水利科技，2007，5（5）：60－63.

[51] 郭华明，唐小惠，杨素珍，等. 土著微生物作用下含水层沉积物砷的释放与转化 [J]. 现代地质，2009，23（1）：86－93.

[52] 陈骏，连宾，王斌，等. 极端环境下的微生物及其生物地球化学作用 [J]. 地学前缘，2006，13（6）：199－207.

[53] 多吉. 典型高温地热系统：羊八井热田基本特征 [J]. 中国工程科学，2003，5（1）：42－47.

[54] 李涛. 艾比湖水化学演化的初步研究 [J]. 湖泊科学，1993，5（3）：234－243.

[55] 章至洁，韩宝平，张月华. 水文地质学基础 [M]. 徐州：中国矿业大学出版社，1995.

[56] Tóth J. A theoretical analysis of groundwater flow in small drainage basins [J]. Journal of Geophysical Research，1963，68（16）：4795－4812.

[57] de Vries J，Simmers I. Groundwater recharge：an overview of processes and challenges [J]. Hydrogeology Journal，2002，10（1）：5－17.

[58] 牛振红. 降水入渗补给系数的实验研究与分析计算 [J]. 地下水，2003，25（3）：152－154.

[59] 许昆. 降水量与地下水补给量的关系分析 [J]. 地下水，2004，26（4）：272－274.

[60] 李亚峰，李雪峰. 降水入渗补给量随地下水埋深变化的实验研究 [J]. 水文，2007，27（5）：58－60.

[61] 王政友. 地下水埋深与"四水"转化参数关系探讨 [J]. 地下水, 2009, 31 (1): 57-60.

[62] 杨晓俊. 蒸渗计法降水入渗补给系数变化规律分析 [J]. 水资源与水工程学报, 2009, 20 (1): 150-152.

[63] 陈植华, 徐恒力. 确定干旱—半干旱地区降水入渗补给量的新方法: 氯离子示踪法 [J]. 地质科技情报, 1996 (3): 87-92.

[64] 刘莉, 马东升. 应用 ^{36}Cl 核爆脉冲峰测量包气带水补给 [J]. 东华理工大学学报 (自然科学版), 2007, 30 (2): 144-148.

[65] 黄天明, 庞忠和. 应用环境示踪剂探讨巴丹吉林沙漠及古日乃沙漠地下水补给 [J]. 现代地质, 2007, 21 (4): 624-631.

[66] Wang B G, Jin M G, Nimmo J R, et al. Estimating groundwater recharge in Hebei Plain, China under varying land use practices using tritium and bromide tracers [J]. Journal of Hydrology, 2008, 356 (1-2): 209-222.

[67] Lu X H, Jin M G, van Genuchten M T, et al. Groundwater recharge at five representative sites in the Hebei Plain, China [J]. Ground Water, 2011, 49 (2): 286.

[68] 李金柱. 降水入渗补给系数综合分析 [J]. 水文地质工程地质, 2009, 36 (2): 29-33.

[69] 于玲. 淮北平原区降雨入渗补给量的研究 [J]. 地下水, 2001, 23 (1): 36-38.

[70] 唐亦川, 代革联, 王晓明. 渭北西部黄土台塬区黄土地下水补给来源的初步分析 [J]. 西北地质, 1997, (4): 85-89.

[71] 陕西省综合勘察院. 供水水文地质手册 [M]. 北京: 中国建筑工业出版社, 1984.

[72] 张晓影, 李小雁, 王卫, 等. 毛乌素沙地南缘凝结水观测实验分析 [J]. 干旱气象, 2008, 26 (3): 8-13.

[73] 武文一, 于显威, 杨晓晖, 等. 库布齐沙漠北缘沙丘不同部位露水凝结量的初步研究 [J]. 水土保持研究, 2008, 15 (3): 88-92.

[74] 庄艳丽, 赵文智. 干旱区凝结水研究进展 [J]. 地球科学进展, 2008, 23 (1): 31-38.

[75] 王积强. 关于"土壤凝结水"问题的探讨 [J]. 干旱区地理, 1993, 16 (2): 58-62.

[76] 梁永平, 阎福贵, 侯俊林, 等. 内蒙古桌子山地区凝结水对岩溶地下水补给的探讨 [J]. 中国岩溶, 2006, 25 (4): 320-323.

[77] 张建山. 沙漠滩区凝结水补给机理研究 [J]. 地下水, 1995, 17 (2): 76-77.

[78] 黄金廷, 王文科, 马雄德, 等. 鄂尔多斯沙漠高原区白垩系含水层补给源的探讨 [J]. 地下水, 2005, 27 (6): 457-459.

[79] 孙蓉琳, 梁杏. 利用地下水库调蓄水资源的若干措施 [J]. 中国农村水利水电, 2005 (8): 33-35.

[80] 李林. 城市给排水及燃气管道的发展趋势 [J]. 天中学刊, 2006, 21 (2): 75-76.

[81] 张朝新. 临界蒸发深度的探讨 [J]. 地下水, 1995 (1): 23-25.

[82] 王义忠, 王庆. 灌区农田防护林带的防风排水改土作用 [J]. 中国农村水利水电, 1993 (10): 16-19.

[83] 张蔚榛, 张瑜芳. 对灌区水盐平衡和控制土壤盐渍化的认识 [J]. 中国水利, 2003, 8 (B刊): 24-30.

[84] 张蔚榛, 张瑜芳. 对灌区水盐平衡和控制土壤盐渍化的一些认识 [J]. 中国农村水利水电, 2003 (8): 13-18.

[85] 刘奉沉. 用快速称重法测定杨树蒸腾速率的技术研究 [J]. 林业科学研究, 1990, 3 (2): 162-165.

[86] 高阳, 段爱旺, 邱新强, 等. 应用热平衡法测定玉米/大豆间作群体内作物的蒸腾量 [J]. 应用生态学报, 2010, 21 (5): 1283-1288.

[87] 李黔湘, 王华斌, 白忠, 等. 卫星遥感监测蒸腾蒸发量 (ET) 精度校验: 以北京市 GEF 海河项目为例 [J]. 水利水电技术, 2008, 39 (7): 1-3.

[88] 乔长录, 何新林, 杨广, 等. 基于双层阻抗模型的玛纳斯河流域 ET 遥感估算 [J]. 干旱区资源与环境, 2014, 28 (9): 179-184.

[89] 郭永海,沈照理,钟佐燊. 河北平原咸水下移及其与浅层咸水淡化的关系 [J]. 水文地质工程地质,1995,22 (2):8-12.

[90] 王大纯,张人权,史毅虹,等. 水文地质学基础 [M]. 北京:地质出版社,1986.

[91] 陈葆仁,汪福炘,洪再吉. 地下水动态及其预测 [M]. 北京:科学出版社,1988.

[92] Todd D K,Mays L W. Groundwater hydrology [M]. 3rd ed. New YorK:John Wiley & Sons Inc,2005.

[93] 杨建中. 地下水动态的影响因素分析 [J]. 科技情报开发与经济,2008,18 (9):121-122.

[94] 王永林. 1975 年海城 7.3 级地震前地下水位动态异常的剖析 [J]. 中国地震,1987,03 (04):76-83.

[95] 杨成双. 1975 年海城地震前地下水异常的时空分布 [J]. 地震学报,1982,04 (01):84-89.

[96] 张立海,张业成,刘凤民,等. 地下水化学组分在强震活动下的突变 [J]. 安全与环境学报,2007,07 (04):93-96.

[97] 车用太,刘成龙,鱼金子. 论地震预测(报)现状及基础研究问题 [J]. 国际地震动态,2005,27 (12):19-23.

[98] 任鸿遵. 华北平原农业水资源利用中的主要环境问题 [M] //许越光,刘昌明,沙和伟. 农业用水有效性研究. 北京:科学出版社,1992:189-193.

[99] 蔡明科,魏晓妹,粟晓玲. 灌区耗水量变化对地下水均衡影响研究 [J]. 灌溉排水学报,2007,26 (4):16-20.

[100] 王大纯,张人权. 孔隙承压地下水的资源评价和地面沉降的关系 [J]. 上海国土资源,1981 (1):37-43.

[101] 曹文炳. 孔隙承压含水系统中黏性土释水及其在资源评价中的意义 [J]. 水文地质工程地质,1983,02 (04):8-13.

[102] 张宗祜,翟荣庭,张炜. 甘肃定西附近黄土渗透性及湿陷性实验研究 [M]. 北京:工业出版社,1966.

[103] 滕志宏,张银玲,胡巍,等. 黄土高原地下水资源与水质初步评价 [J]. 西北大学学报自然科学版,2000,30 (1):60-64.

[104] 陈南祥. 水文地质学 [M]. 北京:中国水利水电出版社,2008.

[105] 陈德基,余永志,马能武,等. 三峡工程永久船闸高边坡稳定性研究中的几个主要问题 [J]. 工程地质学报,2000,8 (1):7-15.

[106] 张捷,李升峰,周游游. 细菌、真菌对喀斯特作用的影响研究及其意义 [J]. 中国岩溶,1997,16 (4):362-369.

[107] 李为,余龙江,贺秋芳,等. 微生物及其碳酸酐酶对岩溶土壤系统钙镁元素淋失的影响 [J]. 中国岩溶,2004,23 (1):1-6.

[108] 刘再华,Dreybrodt W,韩军,等. $CaCO_3-CO_2-H_2O$ 岩溶系统的平衡化学及其分析 [J]. 中国岩溶,2005,24 (1):1-14.

[109] 王涛,李强,王增银. 碳酸盐岩微生物溶蚀作用特征及意义 [J]. 水文地质工程地质,2007,34 (3):6-9.

[110] 杨立铮. 中国南方岩溶水化学的某些特征 [J]. 成都理工大学学报(自科版),1989 (1):93-101.

[111] 韩行瑞,鲁荣安,李庆松. 岩溶水系统:山西岩溶大泉研究 [M]. 北京:地质出版社,1993.

[112] 谭绩文. 北方岩溶水基本特征及其开发利用 [A] //中国地质学会岩溶地质专业委员会. 中国北方岩溶和岩溶水,1982:95-97.